V

15062.

PROJET DE PÉNITENCIER. 1526

PROJET DE PENITENCIER.

VUE, DE DEDANS UNE CELLULE, SUR LA TOUR DU CENTRE.

PROJET
DE PÉNITENCIER,

PAR

HAROU-ROMAIN,

ARCHITECTE DU DÉPARTEMENT DU CALVADOS,

ET DE LA

MAISON CENTRALE DE BEAULIEU.

Caen,
IMPRIMERIE DE LESAULNIER, RUE ÉCUYÈRE, 42.

1840.

PROJET

DE

PÉNITENCIER.

J'ai soumis au Gouvernement un projet de pénitencier cellulaire.
Tous ceux qui l'ont vu le considèrent, en général, comme une
expression du système pensylvanien ; parce qu'ils y retrouvent la
séparation des prisonniers entre eux.

J'attache quelqu'importance à établir que, lorsque je l'ai conçu, je n'ai
eu aucunement pour but de satisfaire aux exigences d'un programme qui
n'était encore connu de personne : — c'était, en effet, à une époque qui
est déjà loin de nous. — Mais j'avais observé que, lorsque des prisonniers
causaient du désordre dans une maison centrale, on prenait le parti
de les transférer dans une autre ; que beaucoup d'entre eux s'appli-
quaient alors à se faire croire dangereux, afin d'avoir occasion de
changer de prison, et qu'à leur entrée dans chaque maison nouvelle,
ils excitaient, sinon des troubles, du moins une sorte de fermen-
tation ou seulement d'éveil, qui venait interrompre les bonnes ha-
bitudes d'ordre, quand elles étaient établies auparavant. — De là
j'avais été amené à penser que ce pourrait être une bonne chose que

de créer une ou deux *prisons disciplinaires*, où l'on enverrait tous les détenus qui se conduiraient mal dans les maisons centrales; de telle sorte que, celles-ci purgées des plus mauvais sujets, il fût devenu plus facile d'y organiser une tenue régulière, une bonne éducation industrielle, peut-être même une meilleure éducation morale.

Personne alors ne m'a indiqué comment *ces prisons disciplinaires* pourraient être entendues; et, livré à moi-même, pour arrêter le programme dont le projet devait être l'expression, je n'avais pu hésiter à croire qu'il fallait que la séparation des prisonniers en fût la base. — Les cellules de punition, où, dans notre système, on séquestrait déjà les détenus dangereux, étaient une indication dont il ne m'était pas permis de m'écarter; je devais vouloir, d'ailleurs, que la prison disciplinaire fût positivement un lieu d'intimidation, où l'individu le plus perverti n'eût jamais le désir d'aller, pour rencontrer des hommes de sa trempe, avec lesquels il aimât à faire alliance — Je ne rappellerai pas ici tous les autres motifs qui durent me porter vers le parti de la séparation, alors pourtant que personne n'en parlait encore chez nous; mais on comprend sans peine qu'ils abondaient tellement, à l'égard de ces prisonniers d'exception, qu'il ne faudrait pas dire que j'eusse eu aucun mérite à avoir ainsi devancé l'état où la question est arrivée plus tard.

L'application présentait peut-être quelques difficultés.

Livré à moi seul, comme je viens de l'annoncer, je devais être d'autant plus consciencieux à ne m'affranchir d'aucunes des conditions que je soupçonnais pouvoir être la conséquence de ce nouveau système d'emprisonnement.

C'est ainsi que je m'étais, avant tout, imposé celle de faire assister tous les détenus, sans exception, aux offices divins, depuis la cérémonie du dimanche jusqu'à la prière de chaque jour : — je jugeais impossible, en effet, que dans un pays où l'on donne un prêtre au condamné qui monte à l'échafaud, on voulût admettre qu'un établissement pourrait être créé pour renfermer des prisonniers, sans leur donner la faculté et même leur faire une obligation d'assister, dans toute l'étendue du mot, aux célébrations du culte; de se livrer aux pratiques qui, sans violenter les consciences, sont imposées à tous les fidèles; d'entendre enfin les exhortations de la morale évangélique. — Et c'était peut-être parce que les hommes dont j'avais à m'occuper devaient être de plus mauvais sujets que d'autres, c'est-à-dire avoir souvent plus d'imagination (puisqu'il y a malheureusement une imagination pour le crime), que, séparés de leurs camarades, et livrés à une vie sérieuse, ces mêmes hommes me semblaient devoir être plus disposés à recevoir de vives impressions religieuses (1).

Je m'étais ensuite donné pour seconde condition de placer les prisonniers dans des logements TRANSPARENTS et tout ouverts sur des galeries; afin qu'aucunes de leurs actions n'échappassent à la surveillance; afin surtout que les rapports des gardiens avec eux fussent rendus visibles. J'excitais ainsi dans ces agents, tout ce qu'ils pourraient avoir d'activité d'inspection ; tandis que, si les cellules étaient fermées, ces mêmes agents se tiendraient bien souvent dans les corridors, sans s'inquiéter de ce qui se passerait à l'intérieur de ces cellules, et qu'ils n'arriveraient à voir (et dans une seule à la fois), que s'il y avait préalablement de leur part volonté et action d'en ouvrir la porte ou le guichet.

J'ajouterai enfin que cette libre ouverture des logements était encore commandée pour faciliter en même-temps, et l'enseignement des individus auxquels il faudrait montrer une profession, et la surveillance des ouvrages de ceux qui seraient déjà en état de travailler; en un mot, qu'elle devait être le meilleur moyen d'arriver au plus grand développement industriel qu'il fût possible d'atteindre dans ces sortes de prisons.

Je suis resté convaincu de la puissance de tous ces motifs, bien que des personnes aient paru craindre qu'il y eût une sorte d'inhumanité à soumettre ainsi des hommes à un regard continuel, qu'ils ne sauraient éviter. — Je n'ai pas compris pourquoi la société ne placerait pas le condamné dans la maison de verre du philosophe grec. Le sage la désirait, parce qu'aucune de ses actions n'avait besoin du voile des murailles : le condamné l'habiterait, parce que nous devons vouloir qu'il ne s'accoutume pas à faire du mal derrière les murailles ; mais qu'il s'accoutume au contraire à ne rien faire qui puisse redouter la vue du dehors. — Donnons lui donc la maison de verre ; il sera toujours temps et bien facile d'y mettre un rideau, si le caractère d'un prisonnier permettait de suspendre passagèrement cette surveillance continuelle, qui serait la règle de la maison, et que le directeur rétablirait à l'instant même où il le jugerait convenable.

Je m'étais imposé comme troisième condition, d'arriver à ce que chaque logement offrît la plus grande somme de garanties pour la conservation de la santé du détenu. — Je ne regardais plus comme possible en effet, qu'au XIXᵉ siècle, on voulût emprisonner, n'importe à quel étage, des hommes dans de véritables cachots ; — et de ce que j'étais arrivé à la nécessité de séparer complétement les prisonniers, je me suis cru obligé, en revanche, de rendre leurs habitations tellement ouvertes qu'ils s'y trouvassent au milieu d'un océan d'air, comme les cultivateurs dans les champs. — C'était, on le voit, me placer bien loin de la pensée qui a présidé à la composition des prisons pensylvaniennes : — et serait-ce parce que les esprits se sont, en quelque sorte, déjà accoutumés à savoir des hommes enfermés dans d'étroites cellules, qui ne sont assainies, comme à Trenton, que par une ventilation factice, qu'on m'aurait objecté d'avoir dépassé le but, en soumettant les prisonniers à une ventilation trop énergique ? J'ai répondu à cette objection dans un rapport adressé à Monsieur le Ministre de l'Intérieur ; mais je ne peux qu'insister ici sur l'avantage incontestable qu'on aurait toujours à être maître d'obtenir autant d'air qu'on en désirerait , quand on serait maître en même-temps d'en diminuer l'action , et même de la faire cesser tout-à-fait.

J'avais entendu donner à chaque condamné, ainsi qu'on l'a vu, non seulement de l'air en abondance, mais encore un lieu de promenade (2); et de même que j'avais senti la nécessité de varier la dimension des logements, afin de permettre de varier les industries , de même j'avais voulu que les préaux eussent aussi des dimensions différentes , à cause , d'une part , de la différence de force et de constitution des individus, et puis aussi à cause de la différence relative de salubrité des étages. — Je m'étais attaché enfin , pour arriver au complément de toutes les garanties de salubrité, à rechercher une disposition qui donnât à tous ces logements une bonne exposition ; de telle sorte qu'il n'y en eût aucun dont l'intérieur ne pût recevoir, chaque jour, les rayons du soleil (3).

Je m'abstiendrai d'énumérer les autres conditions auxquelles je m'étais imposé de satisfaire. — Je me bornerai à dire que je poursuivais mes recherches et la rédaction de mes plans, lorsque j'appris que l'administration avait décidé que des quartiers de correction cellulaires seraient annexés à plusieurs de nos maisons centrales existantes.

Cette nouvelle dut m'empêcher de présenter mon projet , et si plus récemment je me suis déterminé à le faire , c'est qu'au milieu des discussions qui sont nées de l'exploration des prisons étrangères , on a trouvé que ce projet présentait de l'intérêt , en ce sens qu'il semblait résoudre les objections les plus graves qui avaient été faites contre le régime de la séparation continue.

Après avoir suivi tous les débats sur cette question des prisons , je suis d'ailleurs resté convaincu que , dans le cas où , soit par conviction , soit par crainte de hasarder des dépenses considérables , les chambres n'accepteraient pas une réforme radicale immédiate, on ne pourrait échapper à la nécessité d'avoir, en France, plusieurs établissements dans lesquels les prisonniers seraient séparés les uns des autres.

2

Et en effet, si les meilleurs esprits n'ont pas été d'accord sur le mode à adopter afin de rendre nos maisons de détention plus efficaces pour empêcher la marche progressive des récidives, personne n'a mis en doute l'existence du mal, et personne non plus, je le crois du moins, ne se refusera à admettre qu'il y ait dans la population des prisons, beaucoup d'hommes qui ne peuvent rester confondus avec la masse des autres condamnés ; parce qu'ils sont au milieu d'eux des artisans de trouble et de désordre ; que, voués au mal, ils neutralisent les efforts de l'administration, quand ils ne parviennent pas à exciter des révoltes, et qu'une fatale affinité les unit ensemble pour préparer, dans la prison, ces associations qui se multiplient d'une manière effrayante.

D'un autre côté, si les abus criants de nos bagnes ont fait regarder leur suppression comme indispensable, ne serait-ce pas à l'égard des condamnés aux travaux forcés surtout, qu'on devrait rechercher si le régime d'une séparation absolue pendant l'expiation de la peine, ne serait pas un des meilleurs moyens de rassurer la société, contre les craintes, malheureusement trop fondées, qu'inspire la classe des forçats libérés ? Et dans le cas où l'on hésiterait, même pour les bagnes, à tenter d'un seul coup une réforme bien tranchée, ne devrait-on pas, en procédant par voie d'essai, créer, à quelque distance de la Capitale, une maison où l'on renfermerait les condamnés aux travaux forcés des départements de l'Est et du centre de la France ?

Je ne me permettrai pas, du reste, d'entrer plus avant dans l'examen de questions dont la discussion semble épuisée par les nombreux écrits qui ont été publiés, et si j'ai hasardé quelques indications qui ne sont pas du domaine de l'architecture, je me hâte d'aborder la description de mon projet.

DISPOSITION GÉNÉRALE.

Je suppose le Pénitencier établi près d'une ville, dans un champ légèrement incliné de manière à procurer un écoulement facile pour toutes les eaux.

Il couvrirait un rectangle dont le petit côté, sur lequel se trouverait la façade principale, aurait 225 mètres de longueur, et le grand côté ou profondeur 260 mètres. Le terrein employé présenterait donc une étendue de 5 hectares 85 ares : c'est la superficie moyenne de nos maisons centrales existantes. — Dans le cas où on la jugerait trop grande, je ferais remarquer qu'elle serait beaucoup réduite si on renonçait à laisser subsister, entre les bâtiments occupés par les prisonniers et l'extérieur du pénitencier, les espaces considérables dont j'aurai occasion de parler plus loin.

L'entrée existerait entre deux pavillons. L'un marqué *A*, sur le plan ci-annexé, serait occupé par un logement de portier ; l'autre, marqué *B*, servirait de corps-de-garde.

Plus loin, un passage de 7 mètres de largeur conduirait dans l'intérieur de l'établissement.

La première partie de ce passage serait (dans une longueur de 33 mètres), renfermée entre deux grilles, au delà desquelles se trouverait, d'un coté, l'habitation du directeur, désignée par les lettres *C, C* et *C*, et de l'autre, celles de l'inspecteur et de l'aumonier, désignées par les lettres *D, D* et *D*. — Chacune de ces habitations, composée d'une maison suffisamment vaste et commode, d'un bâtiment de dépendance, d'une cour plantée et d'un grand jardin , aurait une porte particulière afin que ceux qui les occuperaient, pussent sortir aux heures où la porte principale de l'établissement serait fermée.

Le Directeur et l'Inspecteur surveilleraient ainsi , de leurs logements , tout ce qui passerait entre les deux grilles ; et des couloirs particuliers leur permettraient d'entrer, sans être vus, dans l'intérieur de la prison.

La deuxième partie du passage, ayant une longueur de 27 mètres, présenterait de chaque coté , un élargissement suffisant pour la tournée des voitures.—A gauche de cet élargissement serait la boulangerie et toutes ses dépendances, désignées par les lettres *E, E, E*, et à droite, la buanderie, avec toutes les siennes, désignées par les lettres *F, F* et *F*. Ces deux services, auxquels il ne serait plus permis d'employer un seul condamné, se trouveraient ainsi entre les habitations des administrateurs et la prison ; de manière que les ouvriers qui y travailleraient, dussent en passant se trouver sous la surveillance du directeur et de l'Inspectenr , sans entrer pour cela dans la maison des prisonniers.

Enfin la troisième partie du passage , traversant, dans une longueur de 13 mètres , une large chaussée plantée d'arbres qui ceindrait tout le pénitencier , arriverait à la tour d'entrée *G ,* dont le rez-de-chaussée contiendrait un grand vestibule *c,* praticable pour des voitures, le premier étage un dortoir de gardiens , les étages au-dessus des magasins de lingerie ou d'habillement ; enfin le dernier étage une infirmerie, avec les dépendances.

Ce serait au delà du vestibule *c* situé au rez-de-chaussée , que , sous les yeux d'un second portier, on pénétrerait dans le pénitencier proprement dit.

Le bâtiment occupé par les condamnés présenterait une construction circulaire, telle que celle de la halle au bled de Paris, et l'intérieur offrirait, comme ce dernier édifice, une grande cour couverte.— Les logements seraient distribués tout-au-tour, sur cinq rangs de hauteur, au nombre de 90 par chaque rang, ce qui composerait un total de 450 (4).

Les murs de division rayonnant vers le centre ne seraient percés d'aucunes ouvertures; ils supporteraient les voutes en berceau qui existeraient à tous les étages, et ne seraient reliés, suivant la circonférence extérieure ou intérieure, par aucuns murs de face ; de telle sorte que du centre on verrait, dans tous les sens, le jour au travers de la construction.

C'est dire que j'ai dû placer à ce point du centre un lieu d'observation.

La tour circulaire *H*, qui le contiendrait, présenterait dans ses divers étages :

        4° En contrebas du sol, une petite machine à vapeur ;
        2° Les bains des arrivants ;
        3° La cuisine et ses dépendances ;
        4° Le bureau du greffe ;
        5° Le cabinet du Directeur, entouré d'une galerie d'observation ;
        6° Dans la capacité du dôme, une sacristie ;
        7° Enfin, au-dessus et en dehors de ce même dôme, mais au dessous de la grande coupole couvrant la cour, un autel où les offices divins seraient célébrés à la vue de tous les prisonniers.

Après cet exposé de l'ensemble il me reste à parler :

    Des logements des condamnés ;
    Des galeries des surveillants ;
    Des cachots de punition extraordinaire ;
    De la tour du centre, qui renferme les services dont le détail a été fait plus haut ;
    De la ventilation et du chauffage ;
    Et du grand pavillon, en avant du Pénitencier, qui contient la lingerie, les magasins d'habillement et l'infirmerie.

Je dirai ensuite quelques mots :

> Des galeries communiquant avec la tour du centre et de la distribution des aliments ;
>
> Des escaliers et chambres des gardiens ;
>
> Des murs de contregarde et des plantations en dehors de ces contregardes ;
>
> Enfin des dépendances qui entoureraient l'établissement , pour empêcher les étrangers d'approcher des lieux occupés par les prisonniers.

LOGEMENTS DES CONDAMNÉS.

Les espaces compris à chaque étage , entre tous les murs de refend rayonnants, formeraient les logements des prisonniers.

Ces logements occuperaient toute l'épaisseur du bâtiment diminuée, du côté de l'intérieur, de 1 mètre 60 centimètres , et du côté de l'extérieur, de 80 centimètres, c'est-à-dire, que les têtes des murs de refend formeraient des éperons ou contre-forts saillants de 1 mètre 60 centimètres du côté de l'intérieur, et de 80 centimètres du côté de l'extérieur.

Le but de ces contre-forts serait surtout d'empêcher toutes communications, mêmes visuelles, entre les prisonniers.

Comme l'épaisseur du bâtiment varierait à chaque étage , la dimension des logements varierait de la même quantité.

	1er Rang.	2me Rang.	3me Rang.	4me Rang.	5me Rang.
	mèt.	mèt.	mèt.	mèt.	mèt.
Cette épaisseur du bâtiment présenterait les dimensions suivantes . .	14.95	12.95	11.75	10.55	9.35
De sorte qu'en retranchant pour les saillies des éperons et contreforts . .	2.40	2.40	2.40	2.40	2.40
Il resterait pour la longueur des logements	12.55	10.55	9.35	8.15	6.95

	1er Rang.	2e Rang.	3me Rang.	4me Rang.	5me Rang.
	mèt.	mèt.	mèt.	mèt.	mèt.
Les hauteurs qui varieraient également à chaque rang seraient, compris l'épaisseur des voûtes, de. . . .	3.80	3.70	3.60	3.50	3.40
De sorte qu'en retranchant pour les voûtes.	0.30	0.30	0.30	0.30	0.30
Il resterait pour les hauteurs sous clef.	3.50	3.40	3.30	3.20	3.10

Ces diverses dimensions permettraient d'établir, dans chaque logement, trois compartiments, pour le coucher, le travail et la promenade du convict.

Le premier, vers la cour intérieure, marqué *k* sur le plan, contiendrait le lit, qui serait relevé au plancher pendant le jour: il serait fermé du côté de la cour par de simples fils de fer disposés de manière à présenter des carreaux de 10 centimètres de grandeur, et en outre, par deux ventaux qui, lorsqu'ils seraient déployés le long des éperons ou contreforts, laisseraient le condamné bien à découvert. Ces ventaux, qui seraient fermés pendant la nuit, présenteraient, dans le milieu de leur hauteur, une partie vitrée, à travers laquelle le prisonnier serait vu dans toute la longueur de son corps.

Le deuxième compartiment, marqué *l* sur le plan, renfermerait le métier disposé de côté, de telle sorte que le travaillant fût apperçu de l'observatoire au centre de la cour. — Ce deuxième compartiment serait séparé du premier, d'abord par une traverse en bois que le condamné ne devrait franchir que pour venir prendre sa nourriture, et de plus, par deux volets qui, repliés durant le jour le long des murs de refend, empêcheraient le lit de descendre, et qui, appuyés durant la nuit sur la traverse dont il vient d'être parlé, seraient retenus par ce même lit, que le prisonnier aurait abaissé et qu'il ne serait en son pouvoir de remonter que lorsque la permission lui en serait donnée. — Enfin, ce même compartiment serait partagé du troisième par deux ventaux vitrés qui resteraient ouverts, quand le froid ou le vent n'obligeraient pas de les fermer.

Le troisième compartiment enfin, marqué *m* sur le plan, servirait de promenoir : il serait séparé de l'extérieur par une persienne à lames renversées. — Au-dessus des deux derniers mètres de sa longueur une couverture imclinée contiendrait un châssis vitré, accompagné de deux feuilles de métal formant gouttières, pour détourner les eaux des châssis supérieurs.

Si la réunion de ces trois compartiments compose la longueur indiquée pour chaque rang de logements, il me reste à dire dans quelle proportion j'ai compris que le partage serait effectué. — Je ferai toutefois observer que les proportions que je vais indiquer sont tout à fait facultatives, et qu'on pourrait, dans l'usage qui serait fait des constructions, changer ces dimensions avec la plus grande facilité, et ne le faire même que dans certaines cellules, sans nuire en rien à l'ordonnance des détails ni à la régularité de l'ensemble.

Dans ceux du 1ᵉʳ rang, occupant, comme on l'a vu, une longueur ou profondeur de 12 mèt.55

Le 1ᵉʳ compartiment, contenant le lit, aurait ... 1   50
Le 2ᵉ, faisant atelier, ... 4   50
Et le 3ᵉ, servant de promenoir, ... 6   55

               Total égal,   12 mèt.55

Dans les logements du 2ᵉ rang, dont la profondeur a été trouvée de 10 mèt.55

Le 1ᵉʳ compartiment aurait 1 mèt.50
Le 2ᵉ, ... 3   70
Et le 3ᵉ, ... 5   35

               Total égal,   10 mèt.55

Dans les logements du 3ᵉ rang, dont la profondeur est de 9 mèt.25

Le 1ᵉʳ compartiment aurait 1   50
Le 2ᵉ, ... 3   22
Et le 3ᵉ, ... 4   63

               Total égal,   9 mèt.35

Dans les logements du 4ᵉ rang, dont la profondeur est de 8 mèt.15

Le 1ᵉʳ compartiment aurait 1   50
Le 2ᵉ, ... 2   74
Et le 3ᵉ, ... 3   91

               Total égal,   8 mèt.15

Enfin dans ceux du 5e rang, dont la profondeur
est de 6 mèt.95

Le 1er compartiment aurait	1	50
Le 2e,	2	26
Et le 3e,	3	29
Total égal,	6 mèt.95	

Les différences qu'on remarque dans la longueur de ces logements permettraient d'y faire exercer des industries variées(5), et comme les quatre
rangs supérieurs ne seraient pas occupés par des métiers encombrants, le
promenoir se trouverait, par le fait, agrandi de toute la longueur de l'atelier, de telle sorte que, dans les plus petits, les prisonniers auraient
encore, pour marcher, une longueur de 5 m. 45.

Après avoir déterminé les dimensions qui précèdent, j'aurais encore
à indiquer les largeurs, qui varieraient beaucoup moins. — Elles seraient :

Pour le 1er compartiment, destiné au coucher, terme
moyen de 2 mèt.20

Pour le 2e compartiment, destiné à l'atelier, terme
moyen de 2 mèt.50

Et pour le 3e compartiment, destiné au préau,
terme moyen de 2 mèt.70

J'ai fait connaître quelles seraient les fermetures de chacune des
divisions des logements; si je ne suis pas entré dans les détails
de leur construction, c'est qu'il est facile de sentir que ces détails
seraient trop longs, si on voulait qu'ils fussent bien complets. — Je
dois revenir toutefois sur ces fermetures ou volets, afin de dire
qu'elles seraient assez fortes pour offrir une très-grande sécurité
contre les évasions, et assez sourdes (quoique mobiles) pour arrêter

la voix, quand, à cause d'une infraction commise, le prisonnier
serait enfermé dans sa cellule, sans préjudice de la ressource qui
existerait, dans les cas très-graves, de l'en extraire, pour le mettre
dans une des 22 loges de punition sévère dont on parlera plus
tard. — Je dois ajouter que l'ensemble de ces volets permettrait de
placer le condamné dans l'obscurité, quand le Directeur le voudrait,
et que, lorsqu'on fermerait les uns ou les autres, dans le but,
soit de mieux faire entendre la voix du prêtre dans les moments
de prédication, soit de chauffer les cellules pendant les froids rigoureux,
soit enfin de favoriser l'industrie de la tisseranderie, en ne laissant
pas ouvert à l'air du dehors les ateliers où elle serait exercée, la vue
non-seulement du gardien, mais encore celle du Directeur placé à son
observatoire, ne cesserait pas de suivre chaque individu, jusques
dans ses moindres mouvements ; parce que des parties vitrées sont disposées à des hauteurs calculées pour chaque rang, et que ces parties vitrées laisseraient distinguer très-facilement tous les objets qui
se trouveraient derrière. — Relativement à la surveillance, ces objets
se dessineraient en effet sur un extérieur d'autant plus lumineux,
que l'observateur serait placé dans un intérieur couvert.

A la suite de ces dispositions, dont les détails sont exprimés dans
les planches jointes à la suite de ce mémoire, je parlerai des divers
emménagements au dedans des cellules, tels que le lit, la cuvette de
propreté, avec son robinet d'eau, et le siége d'aisance.

Le lit serait, ainsi que je l'ai déjà dit, relevé au plancher pendant le jour et abaissé pendant la nuit, si ce n'est dans le premier
rang de cellules, parce que la vue du Directeur arrivant sur ce
rang d'un niveau très-élevé, ne pénétrerait dans le fond des logements qu'en passant, à l'entrée, sous les clefs des voûtes.

La cuvette de propreté avec son robinet, serait (comme dans un
projet de cellules de punition que j'ai fait pour Fontevrault) ali-
mentée par un réservoir spécial pour chaque cellule, afin de mettre

un prisonnier dans l'impossibilité de perdre l'eau montée pour les besoins des autres.

J'ai indiqué dans le même projet, comment tous ces réservoirs partiels seraient remplis par un conduit général partant d'un réservoir commun. — J'ajouterai ici que la cuvette serait, dans le premier compartiment, à côté de l'emplacement que le lit occuperait, quand il serait descendu; qu'au-dessus se trouverait le robinet d'eau, et que près d'elle il y aurait une planche qui, disposée pour recevoir les aliments au moment de la distribution, servirait au prisonnier de table pour manger.

Quant aux siéges d'aisances (si l'on ne croyait pas devoir donner des vases ou petits appareils mobiles), j'ai compris qu'ils seraient construits à l'extrémité du promenoir, dans la partie exposée au grand air et de manière à ce que les tuyaux de descente, servant à la fois pour l'écoulement des matières et pour celui des eaux pluviales de la grande coupole, se trouvassent nétoyés par ces dernières.

Je n'entre pas ici dans les détails des dispositions qui permettraient d'obtenir toutes les garanties désirables pour s'opposer à l'émanation des mauvaises odeurs et à la communication de la voix par ces tuyaux. — Je me bornerai à dire que ces dispositions seraient d'une exécution simple, facile, et que le succès devrait en être regardé comme assuré.

Je sais qu'on objectera que les prisonniers ne pourraient pas avoir la liberté d'aller, quand bon leur semblerait, à l'extrémité de leur promenoir.—Mais, soit qu'on leur laissât le droit de demander, pour s'y rendre, une permission, que le gardien n'accorderait qu'avec discernement, soit qu'on les assujettît à prendre leurs précautions à des instants déterminés, tels que ceux qui suivraient le lever, qui précéderaient le coucher, ou qui seraient accordés pour la promenade, il suffirait de leur donner un vase de nuit, pour servir à leurs besoins en cas d'absolue nécessité.

GALERIES DES SURVEILLANTS.

On a vu que les murs rayonnants, qui sépareraient les prisonniers entre eux, ne seraient ouverts par aucunes baies destinées à la circulation pour les services et la surveillance.—Cette circulation s'exercerait donc en dehors de ces mêmes murs; elle aurait lieu sur des galeries ou balcons qui, établis en saillie dans la cour intérieure, seraient sans cesse fréquentés par les gardiens de service.

Cette disposition les placerait sous l'œil immédiat du Directeur, qui continuerait de les voir avec la même facilité, quand ils entreraient dans le logement des prisonniers, pour s'approcher d'eux.

Les balcons n'auraient que 80 centimètres, ou tout au plus 1 mètre de saillie en avant de la tête des murs; parce que le reculement des grilles en fil de fer donnerait devant chaque logement une augmentation d'espace de 1 mètre 60, qui porterait la largeur totale à plus de 2 mètres 40, et que cette largeur devrait être regardée comme plus que suffisante.

Ainsi, chaque surveillant aurait à observer et à diriger, dans leurs travaux, les 23 condamnés qui composeraient, à un étage, le quart de circonférence qui lui serait confié; ou bien, suivant une autre combinaison, que je regarderais comme préférable, son inspection s'exercerait sur les 90 hommes, répartis dans tout le développement d'un étage, et des contre-maîtres à part seraient chargés de diriger les industries.

De cette dernière manière la surveillance exigerait un personnel moins nombreux, elle ne pourrait être mise en défaut par les prisonniers, et il deviendrait facile de les faire changer d'état au besoin, sans être forcé pour cela de les faire changer de logement.

CACHOTS
POUR LES PUNITIONS EXTRAORDINAIRES.

Dans un projet, où loin de se fier sans réserve aux dispositions matérielles des constructions, pour contenir les prisonniers, on a cru préférable de demander à la discipline intellectuelle de contribuer, pour une forte part, aux résultats qu'on se propose d'obtenir, il faut, comme conséquence nécessaire, pouvoir employer plus de moyens, pour réprimer les infractions de quelque nature qu'elles soient.

D'après mon système on ne les laisserait sans doute jamais impunies ; mais le Directeur n'userait habituellement, contre la plupart de ces infractions, que de moyens simples, tels que la réduction de nourriture, ou la privation des visites de sa part et de celle des autres personnes chargées de voir les prisonniers, ou la suppression de la promenade, ou bien encore de la lumière pour travailler le soir. — Si ces premiers moyens, employés contre le condamné, ne suffisaient pas, le Directeur ferait fermer les volets intérieurs de la cellule, pendant le jour, ensuite il lui défendrait non seulement le promenoir, mais encore l'atelier, et puis enfin il ordonnerait qu'on le tînt enfermé dans l'obscurité (6).

Mais, après toutes ces mesures, qui n'obligent pas à faire sortir le prisonnier de son logement, il faut admettre, comme dans tous les autres systèmes, que pour le cas de révolte et d'insubordination furieuse, il serait nécessaire d'avoir des cachots exceptionnels servant aux punitions extraordinaires.

Au-dessus du bâtiment contenant les logements, et tout à fait en dehors, 22 pavillons, servant de culée ou de contreforts derrière les grandes fermes de la coupole, contiendraient ces cachots exceptionnels qui seraient ainsi séparés par de si grandes distances que les cris les plus perçants ne pourraient arriver de l'un à l'autre.—Entourés en tous sens par de fortes murailles, et doublés en chêne sur toutes les faces, ils seraient accédés par la galerie destinée à ouvrir ou fermer de grandes arcades qui existeraient au bas de la coupole, et ils ne prendraient de jour que par des cheminées d'évent, pratiquées au sommet des voûtes qui les couvriraient. — On comprend que cette dernière disposition rendrait l'isolement complet et rigoureux, tel enfin qu'il doit être dans un lieu de punition sévère.

TOUR DU CENTRE

RENFERMANT, AVEC DIVERS AUTRES SERVICES, L'OBSERVATOIRE DU DIRECTEUR,
L'AUTEL POUR LA CÉLÉBRATION DES PRIÈRES ET DES OFFICES
ET LES CHAIRES POUR LES PRÉDICATIONS.

Les services, placés inférieurement dans la tour du centre, seraient, comme on l'a déjà fait connaître, la machine à vapeur, les bains des arrivants et la cuisine.

La machine à vapeur, spécialement destinée au montage de l'eau dans tout le Pénitencier, occuperait l'étage le plus bas de la tour *H*; mais le fourneau et les générateurs de vapeur seraient contenus dans une petite salle attenante, de manière à n'occasionner aucun accident, en cas d'explosion.

Le service du charbon et celui des ouvriers employés à la machine auraient lieu par un escalier et par un trou de montage qui, placés l'un et l'autre en avant de la tour, communiqueraient avec l'extérieur, par la galerie *f*, et des dispositions particulières feraient servir le tuyau de fumée à porter au-dehors non-seulement l'odeur du charbon, mais encore la trop grande chaleur, en été, afin de maintenir la pureté et la fraîcheur de l'air dans l'intérieur de la cour couverte.

Au-dessus de la machine à vapeur, et à l'extrémité de la galerie *f*, on trouverait un lazareth qui serait composé de douze compartiments, et de quatre salles de bains pour les arrivants.

La cuisine, qui occuperait l'étage supérieur (correspondant au rez-de-chaussée des cellules des prisonniers), contiendrait un fourneau qui serait, comme les bains, chauffé par la vapeur perdue de la machine.

Les bureaux du greffe ou de l'administration, établis sur la cuisine, auraient une entrée venant du premier vestibule, et un escalier particulier communiquant au cabinet ou observatoire du Directeur, qui serait immédiatement au-dessus.

Cet observatoire du Directeur doit être considéré comme une des choses les plus importantes du projet; une de celles, par conséquent, dont les dispositions doivent le plus fixer l'attention.

Placé à un niveau qui correspondrait à celui du troisième rang des cellules, il serait précédé d'abord d'une galerie dans laquelle on entrerait soit par l'escalier *d* exclusivement réservé au Directeur, soit par les escaliers des quartiers et le balcon de service, dont les portes, sur cette galerie, ne pourraient toutefois être ouvertes qu'avec la permission du Directeur. — A la suite, serait l'antichambre, au-delà de laquelle on trouverait l'observatoire composé de deux espaces concentriques.

Celui du milieu offrirait une salle circulaire, où le Directeur se tiendrait pour travailler, et le second, autour du premier, formerait un corridor annulaire, dont le mur extérieur serait percé d'autant d'ouvertures vitrées qu'il aurait de logements par étages. — Chacune de ces ouvertures serait, en outre, munie d'une lunette d'approche, qui, fixée sur une traverse au milieu du vitrage, serait susceptible d'un mouvement d'abaissement et d'élévation; afin d'inspecter, jusqu'aux moindres détails, dans les cinq cellules composant une même tranche verticale. Il convient de faire remarquer que les hauteurs ont été calculées de manière à permettre de découvrir le fond des préaux, de l'étage le plus bas et de l'étage le plus élevé. — De cette façon, le Directeur, en circulant dans ce corridor ou observatoire, verrait parfaitement à l'œil nu, toute l'étendue de son établissement, sans qu'un seul point occupé par un gardien, ou par un prisonnier, échappât à son regard : puis au moyen des lunettes, au-dessus desquelles seraient des numéros correspondants à ceux des logements qu'elles serviraient à observer, il pourrait étudier jusqu'à l'expression du visage de certains condamnés, aussi bien, dans les moments où ces condamnés seraient seuls, que dans ceux, pendant lesquels ils seraient en rapport avec leurs gardiens ou leurs contre-maîtres. — Pour compléter ce système d'inspection sur toute la maison, des ouvertures horizontales, non vitrées, seraient pratiquées dans la cloison qui entourerait le cabinet central. Mais ces dernières seraient garnies de petits volets ; parceque, le Directeur ne pourrait les ouvrir de deux côtés, en même temps, sous peine de rendre sa silhouette apercevable pour certains prisonniers, et par conséquent, de leur dénoncer sa présence dans l'établissement. — Il convient même de faire remarquer que c'est à cause de ce motif, que le cabinet central et l'observatoire ont été partagés par une cloison circulaire; puisqu'autrement il y' aurait eu beaucoup de parties qui eussent été transparentes aux yeux des gardiens placés sur leurs balcons, ou des condamnés enfermés dans leurs cellules.

Je ne devrai pas terminer ce que j'ai à dire sur ces appartements, sans faire connaître que si, au niveau de cet étage, la galerie dans l'axe de l'entrée leur sert d'accès, les deux galeries à droite et à gauche seraient celles par lesquelles le Directeur se porterait à tous les étages des balcons et des cellules, par le chemin le plus court; — sans ajouter que l'observatoire n'aurait que 2 mètres 30 centimètres d'élévation, de sorte que la pièce du centre qui aurait 6 mètres de hauteur, recevrait la lumière par-dessus cet observatoire; — sans faire remarquer enfin, que, bien qu'il ne soit pas rendu compte de la multiplicité des centres dans le plan général ci annexé, les études détaillées présentent, pour la tour du milieu, ainsi que pour le grand bâtiment des cellules, quatre centres, distants les uns des autres de l'épaisseur des galeries qui partagent la cour, afin que la surveillance pénètre avec autant de facilité dans les cellules contiguës à ces galeries que dans les cellules du milieu.

Ce serait enfin au-dessus de tous les étages que nous venons de décrire et du couronnement de la tour, qu'on verrait l'autel où les offices divins seraient célébrés, où toutes les prières de chaque jour seraient récitées par l'aumônier : là , ce ministre de l'évangile , placé à une hauteur de quinze mètres au-dessus du sol , au milieu de la vive lumière tombant, dans le jour , par la lanterne du centre , ou produite, le soir, par les moyens d'éclairage environnant le sanctuaire , serait aperçu de tous les prisonniers , à travers les fils de fer de leurs cellules , et tout cet appareil imposant serait complété , dans les cérémonies des grandes fêtes, par la fumée de l'encens et les concerts de l'orgue , qui rempliraient le dôme couvrant tant de coupables à genoux.

Il reste à dire comment seraient disposées les chaires pour les exhortations religieuses. — Je ne les ai pas maintenues au niveau de l'autel, parce qu'à une aussi grande élévation, les paroles du prédicateur auraient été perdues pour presque tous les prisonniers ; mais je les ai descendues à la hauteur du second rang de cellules, où elles sont ajustées en dehors du mur de la tour centrale, à peu près de la même manière que certaines chaires qui existaient à l'extérieur de quelques vieilles églises , et comme on en voit encore une à la cathédrale de Saint-Lo. — Là au moins les sons de la voix du prêtre , favorisés par les surfaces lisses des galeries, à la rencontre desquelles ce ministre serait placé, arriveraient, dans toute leur force, à l'oreille des prisonniers ; et, s'il était vrai [de dire qu'il ne pourrait prêcher qu'un quart des condamnés à la fois, on devrait d'autant moins le regretter , que la disposition circulaire ne permettrait pas qu'un seul homme pût parler à tous avec avantage. — Les prédications , par quart , seraient plus efficaces, mieux entendues ; et si, comme on me l'affirme, on devait attribuer au moins deux aumôniers à un établissement de cette nature , tous les prisonniers pourraient, chaque dimanche, entendre une instruction religieuse , parce que deux quarts opposés seraient exhortés après l'office du matin , et les deux autres quarts après celui du soir : si, au contraire, il ne devait y avoir qu'un seul aumônier, les mêmes prisonniers ne l'entendraient que tous les quinze jours, à moins que l'on admît qu'il y aurait des prédications dans la semaine, indépendamment de celles des dimanches (7)

VENTILATION ET CHAUFFAGE.

Après avoir décrit comment seraient disposés les logements des condamnés, les galeries des gardiens, les cachots pour les punitions extraordinaires, la tour du centre, en un mot tout ce qui constitue le pénitencier proprement dit, je ne dois pas omettre de parler des mesures
qui seraient prises pour arriver à ce que les hommes qu'il renfermerait
y trouvassent d'abord de grandes garanties de salubrité, et qu'ils y fussent, de plus, à l'abri contre les rigueurs de l'atmosphère : je vais parler de la ventilation et du chauffage.

On a vu que les logements, ouverts par chacune de leurs extrémités,
n'offraient d'autres murailles que celles qui, rayonnant vers le centre,
serviraient à les partager (8). — Ainsi, se trouverait réalisée (toutes les fois
qu'aucuns des volets ne seraient fermés) cette pensée de donner à des
prisonniers, dans leurs cellules, autant d'air que les cultivateurs en ont
dans les champs.

Mais, habituellement, ces mêmes logements ne resteraient pas ainsi
tout ouverts, et comme les deux ventaux destinés à les clore seraient
tenus fermés, d'abord durant les nuits et ensuite, au moins du côté de
l'extérieur, pendant les jours où la température ne serait plus assez
chaude, il a été bon de prévoir d'autres dispositions, afin que lorsqu'il
s'agirait de renouveler l'air dans toutes les parties du Pénitencier, on ne
se trouvât pas dans l'obligation d'ouvrir les cellules, et par là de les re-
froidir souvent mal à propos.

Des couloirs voûtés, au-dessous du grand bâtiment circulaire, auraient donc pour but d'opérer (sans ouvrir ces cellules) une ventilation
complète dans tout l'établissement. Ces couloirs, occupant le dessous des
logements au rez-de-chaussée, et comme eux au nombre de quatre-
vingt dix, prendraient l'air dans la contregarde, à 2 mètres au-dessus du

sol et l'amèneraient à la circonférence intérieure du bâtiment de condamnés.

Il y aurait en plus deux autres couloirs beaucoup plus grands qui, passant sous les corridors *g* et *g*, aboutiraient à tous les étages de la tour du centre.

Le chiffre des prises d'air à l'extérieur serait ainsi de quatre-vingt douze.

Il ne serait fait usage de celles qui existeraient sous les logements que lorsque la température serait assez douce pour que la ventilation opérée avec l'air du dehors n'occasionnât pas un refroidissement nuisible: mais, dans les temps plus rigoureux, cette même ventilation deviendrait au contraire un moyen d'échauffement, parce que l'air, n'entrant plus alors que par les deux derniers couloirs dont il a été parlé, traverserait des réservoirs de chaleur (ménagés dans la construction de la machine à vapeur et dans celle des foyers de chauffage du Pénitencier), pour déboucher à la circonférence des galeries occupées par les gardiens et dans les logements des prisonniers.

Il faut se hâter de dire que le principal but de cette ventilation par l'air chaud serait surtout d'économiser les dépenses du chauffage, dans ces jours de froid rigoureux.

Je serais obligé d'entrer dans des détails qui ne peuvent trouver ici leur place, si je voulais décrire, d'une manière bien complète, comment seraient combinées toutes les dispositions dont nous venons de nous occuper, et comment on en ferait usage, suivant les différents états de l'atmosphère et les différents effets qu'on se proposerait d'obtenir; mais aux indications qui précèdent, il convient toutefois d'en ajouter encore quelques-unes.

Ainsi, je dois faire connaître que des tuyaux verticaux, pratiqués dans les murs de partage des cellules, seraient destinés à l'entrée et à la sortie de l'air, quand ces cellules seraient tenues fermées, et que plusieurs d'entre eux serviraient, en même temps, de tuyaux de fumée dans les ateliers où l'industrie, exercée par le convict, nécessiterait de laisser un peu de feu à sa disposition.

Ainsi, tous les conduits ont été étudiés, de manière à être tout-à-fait indépendants les uns des autres, afin de ne jamais devenir un moyen de communication pour la voix.

Ainsi, le matin, avant le lever, et le soir, avant le coucher, c'est-à-dire lorsque les cellules seraient bien closes, on ouvrirait les ventilateurs inférieurs et les grandes arcades qui existeraient au bas de la coupole couvrant la cour; de sorte que, tant que les logements resteraient ouverts à l'intérieur pendant le jour (et ils ne cesseraient de l'être que dans les froids rigoureux), cette mesure procurerait, à chaque prisonnier, pour sa part dans le cube immense de cette cour, plus de 250 mètres cubes d'air pur à respirer, c'est-à-dire plus de vingt-cinq fois autant que la science en demande pour un homme valide.

Ainsi, dans les temps humides, la ventilation serait activée, soit en faisant passer l'air, comme d ns les jours de froid, à travers les réservoirs de chaleur dont il a déjà été fait mention, soit en mettant en jeu un mécanisme ventilateur, que la machine mettrait en mouvement.

Et enfin, pour compléter tous les moyens de renouveler l'air, particulièrement dans la tour du centre, et surtout pour enlever jusqu'aux odeurs et à la chaleur incommode des divers services placés dans les étages inférieurs de cette tour, un foyer d'appel, disposé dans le vide marqué *i* sur le plan, aurait une puissance d'autant plus considérable, qu'il serait traversé, dans une longueur de plus de 30 mètres, par le tuyau de fumée de la machine.

A l'aide de tous ces moyens, l'air, dans l'intérieur du Pénitencier, serait non-seulement conservé pur dans toutes les saisons, mais encore rendu plus frais dans les grandes chaleurs et plus chaud dans les jours de froid rigoureux.

L'adoucissement de température qui serait obtenu de cette manière , ne pourrait toutefois dispenser d'établir quatre calorifères , distribués dans chacun des quarts de la circonférence ; mais il n'y aurait nécessité d'y allumer du feu que pendant un très-petit nombre de jours par chaque année; car , dans les froids ordinaires, le calorique de la machine à vapeur, qu'on laisserait alors s'écouler dans la cour couverte, celui produit par tous les becs d'éclairage et , comme nous l'avons vu, jusque par la ventilation elle-même , procureraient dans les cellules (ouvertes à l'intérieur seulement) une température d'autant plus suffisante que les rangs du haut, où les prisonniers se livreraient à des travaux moins capables de les échauffer, se trouveraient dans la position la plus favorable (9).

Les volets seraient, au contraire, fermés des deux côtés, quand le froid serait assez rigoureux pour qu'on fût obligé d'avoir recours aux calorifères.

Je ne reproduirai pas ici les calculs dans lesquels je suis entré pour déterminer les dépenses d'un chauffage ainsi entendu ; je me bornerai à dire qu'en admettant la nécessité d'une température aussi élevée que dans les ateliers de nos maisons centrales , elles n'arriveraient pas , pour toute une année, à 15 francs par chaque prisonnier.

GRAND PAVILLON

EN AVANT DU PÉNITENCIER.

Bien que le grand pavillon, placé à l'extrémité du passage *d'introduction générale*, forme l'entrée du bâtiment occupé par les prisonniers, et que j'en aie déjà fait une description sommaire, il convient d'y revenir , pour parler avec plus de détail des services qu'il renferme et surtout de l'infirmerie.

Nous avons vu que ce pavillon contenait intérieurement un grand vestibule *c* , dans lequel arriveraient les voitures cellulaires.—Au fond et en face, un perron montant dans l'arcade du milieu, conduirait dans la maison, à la hauteur de la cuisine et du premier rang des logements des condamnés; et de chaque côté de cette arcade du milieu, deux rampes, descendant par deux ouvertures latérales, serviraient à porter, sur des chariots , les approvisionnements , dans les magasins ou dépôts placés aux étages inférieurs de la tour du centre.

Au delà de chaque côté du perron montant à la prison, et au-dessus des deux rampes pour descendre les approvisionnements, on trouverait une loge pour un deuxième portier et un bureau;—plus loin, deux petits escaliers de service : l'un, marqué *d* sur le plan , serait à l'usage exclusif du directeur, qui y accéderait particulièrement ; l'autre marqué *e* sur le plan , serait destiné à l'Inspecteur et à l'Aumônier , et en même temps aux services établis dans la partie supérieure du pavillon dont nous nous occupons.

A l'étage sur le vestibule , qui correspondrait au deuxième rang de cellules, il y aurait un poste ou dortoir de gardiens. — Convenablement placé à l'entrée de l'établissement, et par conséquent à la disposition du Directeur , ce poste ou dortoir compléterait sans aucun doute le logement des gardiens et des contre-maîtres, soit que, dans le cas où leur nombre serait le plus faible , il ne fût que de 15, c'est-à dire de 1 par 30 prisonniers, ou que, dans le cas où il serait le plus fort, il fut porté à 30, c'est-à-dire à 1 par 15.

A l'étage au-dessus de celui ci (correspondant au troisième rang de cellules) se trouverait la lingerie, à laquelle on monterait par l'escalier qui sert déjà à l'Inspecteur et à l'Aumônier.—Si la buanderie a été tenue en dehors du bâtiment des cellules, afin que tous les mouvements occasionnés par son service ne troublassent jamais l'ordre intérieur de la maison, on devrait remarquer que la lingerie, établie dans le pavillon d'entrée , serait déjà au-delà de la porte de la détention, et que son service serait cependant encore en deçà de celui des condamnés, bien à portée de leurs logements, au milieu juste de la hauteur de tous les étages, et qu'aux jours fixés, la distribution du linge se ferait ainsi avec la plus grande facilité.

Au-dessus, à la hauteur du quatrième rang de cellules, le vestiaire ou magasin d'habillements présenterait les mêmes avantages de service.

Enfin, le dernier étage contiendrait les chambres d'infirmerie, dans lesquelles on traiterait les prisonniers, lorsque la gravité de leurs maladies ne permettrait pas de les soigner dans leurs logements. — Il résulterait, des renseignements que j'ai pris auprès de plusieurs médecins, que leur nombre, serait à peine le dixième du chiffre total des malades. — Or, en admettant que ce chiffre total fût (ce qui serait très-exagéré), le dixième des hommes valides, le nombre des lits nécessaires dans l'infirmerie, se réduirait au centième de la population, c'est-à-dire qu'il serait ici de 4 1/2 pour 450 prisonniers. — Je n'ai pas voulu cependant, m'en tenir à un chiffre aussi peu élevé, j'ai donc distribué dix cellules dans le projet, ce qui donne plus de deux places sur cent valides, au lieu d'une seule.

Cette infirmerie, placée au sommet du grand pavillon, à l'entrée de la prison, isolée de tous côtés, jouissant par conséquent de tous les orients, de manière à pouvoir profiter des plus favorables, présenterait entre les chambres, une petite cour (ou *atrium*) couverte par un vitrage élevé au-dessus du comble, afin que l'air pût y circuler librement par des ouvertures que l'on fermerait quand la saison l'exigerait.

Le service se ferait par cette cour ou *atrium*, qui contiendrait le poste de l'infirmier, et sur laquelle chaque chambre aurait, dans sa partie supérieure, une croisée qui, avec celle établie dans le mur opposé, rendrait aussi complets qu'on pourrait le désirer les moyens de ventilation et d'insolation.

Indépendamment de cette cour, qui ferait un premier promenoir couvert, pour les convalescents les plus faibles, il y en aurait un second pour ceux dont la santé serait déjà mieux rétablie, et l'un et l'autre ne serviraient, bien entendu, qu'à un seul prisonnier à la fois.

Les deux petits escaliers réservés, l'un pour le Directeur, et l'autre pour l'Inspecteur et l'Aumônier, et qui se trouvent en communication directe avec les habitations de ces administrateurs, monteraient jusqu'à cette infirmerie. — Dès lors, l'Aumônier pourrait, de sa maison même, arriver auprès des malades que son ministère l'appellerait à visiter, et là, il se trouverait, au besoin, tout à fait à proximité de la sacristie, située au même étage du bâtiment central.

Ce serait par l'un de ces escaliers, celui de l'Inspecteur et de l'Aumônier, que, sans entrer dans l'établissement, le médecin et le pharmacien feraient le service de l'infirmerie; mais les prisonniers y arriveraient par les escaliers de leurs quartiers.

GALERIES

COMMUNIQUANT AVEC LA TOUR DU CENTRE ET DISTRIBUTION DES ALIMENTS.

Nous avons déjà eu occasion de voir que les galeries qui, divisant la cour couverte en quatre parties égales, commencent au périmètre du Pénitencier et vont finir à la tour du centre, ont chacune une destination particulière. — Celle qui se trouve en avant, et qui est désignée sur le plan par la lettre f, sert d'accès aux appartements qui existent à tous les étages dans cette tour; les deux qui, situées à droite et à gauche du même bâtiment, sont désignées par les lettres g et g, sont réservées, dans les étages supérieurs, pour que le greffe où travaillerait l'Inspecteur, et l'observatoire où serait le Directeur, communiquent, par le chemin le plus court, avec les quartiers des prisonniers.

5

Ces galeries *g*, *g* auraient, au niveau du rez-de-chaussée ou premier rang de cellules (qui correspond à l'étage de la cuisine), une autre destination. — Des chariots y seraient établis, et, au moment de la distribution des aliments, ils amèneraient, sous les trous de montage marqués *h* et *h* sur le plan, des caisses composées chacune, d'autant de boîtes ou rations, qu'il y aurait de cellules par balcon ou galerie ; ces caisses seraient ensuite élevées successivement à la hauteur de chaque étage, et les boîtes déposées une à une, à travers le grillage en fil de fer, sur la tablette que nous avons déjà vu qui existerait à côté de la cuvette et du robinet d'eau.

Tout ce service pourrait sans doute être fait avec la plus grande rapidité, et les prisonniers, qui ne se seraient pas dérangés pour venir recevoir leurs aliments, seraient appelés, par un signal, à prendre le repas, qui serait précédé et suivi de prières, comme aujourd'hui dans les réfectoires de nos maisons centrales.

Je ne répéterai pas que ce serait sous les mêmes galeries *g* et *g*, qu'au niveau de l'étage au-dessous du rez-de-chaussée se trouveraient les deux grands conduits ou corridors destinés à renouveler l'air au milieu de la cour, et à opérer, dans les jours de froid, une ventilation avec de l'air chaud, dans tout l'établissement.

Je ne répéterai pas davantage que la galerie marquée *i*, traversée par le tuyau de fumée de la machine à vapeur, deviendrait un foyer d'appel si actif, qu'il entraînerait complétement les odeurs ou la chaleur incommode, que pourraient dégager les services établis dans les étages inférieurs de la tour du centre ; mais je ne devrai pas omettre de dire que, sous cette dernière galerie, régnerait un aquéduc dont le dallage, creusé en caniveau pour l'écoulement des eaux, présenterait en outre un chemin pour les roues d'un chariot ou caisson, et que toutes les ordures, tombant dans ce chariot, seraient ainsi enlevées chaque jour, avec la plus grande facilité.

ESCALIERS

DES QUARTIERS ET CHAMBRES DES GARDIENS.

Ce serait à l'extrémité des corridors ou galeries, séparant la grande cour intérieure, que, dans le bâtiment des cellules, on trouverait les escaliers de service. Quoique ces corridors ne soient qu'au nombre de quatre, il y aurait cinq escaliers, parce que j'ai été dans la nécessité d'en établir deux pour correspondre au corridor d'entrée f : c'est, en effet, dans l'axe de ce dernier, que se trouvent tous les passages par lesquels on pénètre, à rez-de-chaussée, dans l'intérieur de la maison, ou qui établissent, aux étages supérieurs, la communication entre le pavillon G, en avant du pénitencier, et la tour H, qui en occupe le centre. — D'ailleurs, un seul escalier, placé sur l'un des côtés, n'aurait pu suffire, parce que le bien du service exige qu'à deux étages (celui du rez-de-chaussée, où se trouve l'entrée, et celui du troisième rang de cellules où se trouve le corridor conduisant de l'habitation du directeur à son observatoire), le passage suivant la galerie f ne soit traversé par aucun des balcons ou corridors de surveillance passant devant les logements. — Le redoublement de l'escalier a été un moyen de satisfaire à toutes les conditions désirables, parce qu'il rétablit la communication entre les quartiers, en obligeant seulement à gagner un des trois étages où elle ne serait pas interrompue.

Il est à remarquer que ces escaliers n'occupent pas toute l'épaisseur des cellules : — l'espace qui reste en arrière de ceux qui sont vis-à-vis les galeries g, g et i, est occupé, aux divers étages, par une chambre de gardien, de façon qu'il y en aurait cinq sur chaque escalier et quinze sur les trois réunis.

Il n'existerait pas de chambres semblables derrière les deux escaliers qui sont en rapport avec la galerie f ; mais, en compensation , nous avons vu qu'au premier étage du grand pavillon G , il se trouverait un poste ou dortoir commun pour des gardiens. — Ceux qui y seraient placés seraient tenus de faire des rondes dans un corridor ménagé dans l'épaisseur même du mur de contregarde , et dont l'entrée et la sortie donneraient dans leur salle. — Je vais , au reste , avoir occasion, dans l'article qui suit , de revenir sur ce moyen de surveillance.

CONTREGARDES

ET PLANTATIONS EN DEHORS DE CES CONTREGARDES.

Le bâtiment circulaire du pénitencier est entouré d'une vaste contregarde de 13 mètres de largeur moyenne, fermée par un grand mur d'enceinte sur plan octogonal.

Le sol de cette contregarde serait abaissé ; parce que l'inclinaison générale permettrait de le faire , sans descendre au-dessous du niveau des terreins par lesquels les eaux devraient s'écouler. — Les terres végétales qui proviendraient de cet abaissement , et celles qui seraient extraites des fondations placées en dehors du grand mur formeraient une chaussée, qu'on planterait de cinq rangs d'arbres ; de telle sorte que cette épaisse ceinture ferait obstacle aux communications qui pourraient être tentées entre l'extérieur et l'intérieur du pénitencier, en même temps qu'elle contribuerait à rendre l'habitation d'autant plus saine , que les plantations seraient faites à une très-grande distance des logements, et que la chaussée, tout élevée qu'elle serait , aurait encore un niveau inférieur à celui du premier rang des logements.

Je dois revenir sur le grand mur d'enceinte , pour parler de sa construction. — La partie inférieure, destinée à soutenir des terres, présenterait un fort talus du côté de la contregarde, puis à une hauteur de quatre mètres au-dessus du pavé de cette dernière , une rangée de corbeaux permettrait d'établir, dans la partie supérieure du mur, le chemin de ronde pour les gardiens, qui, partant de leur salle au-dessus du vestibule d'entrée y rentreraient, après avoir fait tout le tour de l'établissement. — Des ouvertures ou visières, pratiquées dans la cloison en pierre ou parpaing qui serait du côté de l'intérieur, rendraient possible d'exercer, même pendant la nuit, à l'aide d'appliques de lumières ou réverbères convenablement disposés, une surveillance telle que je n'en conçois pas de plus complète.

Des tourelles construites aux huit angles formés par le mur, contiendraient des escaliers, dont la moitié, à la disposition des gardiens, leur donnerait le moyen de descendre de leur corridor de ronde, dans la contregarde. — Les quatre autres escaliers serviraient à monter sur le dessus des murs, où les sentinelles préposées à la garde de la maison trouveraient des guérites et des chemins de faction, d'où elles apercevraient tous les points qui auraient besoin d'être surveillés par elles. — Chacun de ces chemins de faction occuperait toute la longueur des côtés formant les pans coupés de la contregarde : mais il ne passerait pas sur les autres côtés de l'octogone; parce qu'il est mieux que les sentinelles ne puissent pas se réunir, et qu'elles soient, au contraire, forcées de conserver le poste qui leur est assigné.

DÉPENDANCES

POUR PRÉSERVER DE L'APPROCHE DES ÉTRANGERS,
LES BATIMENTS OCCUPÉS PAR LES PRISONNIERS.

Les constructions dont j'ai fait la description suffiraient, sans doute, pour former un Pénitencier complet. — Le projet que j'ai rédigé présente cependant, au-delà de la chaussée plantée qui entoure le grand bâtiment, une étendue de terrains considérables, dans lesquels on trouve des cours et magasins de dépôt, un cimetière et une salle d'autopsie, enfin, quatre jardins spacieux où l'on cultiverait des légumes pour l'entretien de la maison. — Si toutes ces dépendances ne peuvent être con-

sidérées que comme très utiles, je dirai cependant que mon principal but,
en les projetant, a été d'avoir de grands espaces entre l'extérieur et l'intérieur du Pénitencier, afin d'empêcher les étrangers d'approcher des
bâtiments des prisonniers; et si l'établissement qu'il s'agirait de cons-
truire devait l'être dans une plaine, on ne pourrait regretter l'argent
que coûteraient les terreins puisque les produits qu'on en tirerait deviendraient beaucoup plus forts que ceux qu'ils auraient donnés auparavant et d'après lesquels on les aurait achetés.

Tel est ce projet de Pénitencier. — Il diffère essentiellement des
prisons pensilvaniennes. — C'est qu'en effet, ainsi que je l'ai exposé dès
le début, je l'ai conçu à une époque déjà loin de nous, où la première de ces prisons, celle de Cherry-Hill, n'existait pas encore;
et, s'il est vrai de dire qu'en toute chose, lorsqu'on a sous les
yeux des modèles et des formes déjà connus et qui sont considé-
rées comme à peu près satisfaisantes, il devient difficile de s'en écarter, parce qu'on se trouve alors comme entraîné à rentrer dans la voie
frayée, ce doit avoir été pour moi une circonstance favorable de m'ê-
tre ainsi trouvé placé sur un terrein tout neuf, pour me livrer à
l'étude d'un établissement tout nouveau.

Il est néanmoins nécessaire d'examiner si les dispositions matérielles des prisons américaines, dont je me suis ainsi tant écarté, ne
présentent pas réellement de graves inconvénients, auxquels il serait
permis d'attribuer les répulsions qui sont venues arrêter le mouvement d'adhésion que le système d'emprisonnement solitaire a retrou-
vé sur le vieux continent; et si, faisant opposition à tous les prin-
cipes annoncés au commencement de ce mémoire, ces mêmes prisons

ne s'éloignent pas, sur presque tous les points, du but que l'on doit se proposer, et qu'il faut qu'on atteigne.

Et en effet, ne reconnaît-on pas tout d'abord, que les condamnés n'y peuvent pas assister convenablement aux offices et aux prédications religieuses?

Ne reconnaît-on pas que le Directeur, de son observatoire, ne peut voir dans les cellules, mais que son regard pénètre seulement dans les corridors?

Ne remarque-t-on pas ensuite, comme un contresens difficile à expliquer, que les gardiens qui parcourent ces corridors ne sont surveillés que pendant le temps qu'ils sont en dehors des logemens, *c'est-à-dire quand il est parfaitement indifférent que le directeur les voie*; tandis qu'ils ne sont plus aperçus dès l'instant qu'ils sont entrés avec les prisonniers, *c'est-à-dire* AU SEUL MOMENT *où il serait utile et même indispensable qu'ils fussent bien surveillés*?

Ne peut-on pas dire en outre, que les cellules sont aussi impropres qu'on puisse le supposer à l'inspection et encore plus à l'enseignement des industries; — ne s'opposent-elles pas, par leur uniformité, à ce que les condamnés soient livrés à des travaux variés?

Enfin, la disposition de ces mêmes cellules (dans les bâtiments rayonnants surtout), n'est-elle pas tout à-fait nuisible à la santé des détenus, qui ne peuvent y trouver ni la faculté de prendre le moindre exercice, ni le moyen de jamais respirer l'air du ciel, ni l'espérance, pour beaucoup d'entre eux, de recevoir l'impression d'un seul rayon du soleil, durant toute leur captivité!

Il m'a semblé, je l'avoue, que les formules des Pénitenciers de Philadelphie et de Trenton, par cela seul qu'elles ne satisfont pas à des conditions aussi essentielles, ne réaliseraient pas, chez nous, les espérances de la réforme.

Et après l'exposé que je viens de faire d'une partie des inconvénients qu'elles présentent, je devrais encore faire ressortir un fait important, sur lequel je crois utile d'insister; c'est qu'en Amérique, comme en Europe, les partisans de l'école de Philadelphie, qui dans les commencements avaient parlé d'un système d'*isolement absolu*, se sont trouvés bientôt amenés par l'expérience, à professer seulement le principe de la *séparation* des prisonniers entre eux. — Mais hâtons-nous de le reconnaître, la formule des pénitenciers Pensilvaniens est bien celle de *l'isolement absolu*, celle enfin de *l'isolement du secret*, tel que pourraient l'entendre nos juges d'instruction dans les affaires criminelles. — Une administration devenue plus douce a pu, tout-au-plus, modifier cette dure condition du prisonnier, pour la ramener à n'être que *la séparation* à laquelle on a voulu se réduire; mais une loi d'*entier isolement* reste écrite par les murailles mêmes, qui, élevées à une époque depuis laquelle les idées se sont modifiées, enferment de tous côtés le prisonnier dans un triste cachot; contredisant ainsi hautement le langage qu'une sage philanthropie a conduit à adopter : tandis que tout au contraire (s'il m'est permis de le faire remarquer), mon projet, avec ses cellules tout ouvertes sur l'intérieur, n'a été, dès l'origine et n'est toujours resté que l'expression de la *simple séparation* des prisonniers; conciliant ainsi, tout à la fois, les exigences de la réforme et les droits sacrés de l'humanité.

Toutefois ce projet que je viens de montrer tel que je l'ai conçu primitivement, serait bien certainement (comme toutes les choses importantes avant leur exécution), destiné à subir des modifications plus ou moins grandes : — déjà même j'en ai étudié complétement plusieurs, qui ont pour but soit d'arriver à le simplifier, et par là, de réduire les dépenses, toutes choses égales d'ailleurs, au-dessous des autres formules, soit enfin de faire diparaître jusqu'au doute, s'il en pouvait exister, relativement à l'action de la ventilation et à la difficulté du chauffage : mais ce ne serait pas aujourd'hui qu'il conviendrait de se préoccuper encore de ces modifications qui n'ont donné d'abord ou ne donneraient jamais lieu qu'à un travail facile, si, avant tout, la base était reconnue vraie, meilleure enfin, que celle sur laquelle reposent les exemples fournis par l'Amérique.

Et, si l'on trouvait que ce serait à moi trop ambitieux d'espérer que ce projet, comparé à ceux qui sont déjà connus, pourrait offrir des avantages réels, et qui lui seraient propres, je ne m'excuserais pas seulement sur les témoignages d'assentiment qui m'ont été donnés ; mais en m'empressant de reconnaître la supériorité de talent de tant de personnes habiles qui ont recherché la solution de ce grand problème, je dirais que, si la société n'a dû bien souvent qu'au hasard les découvertes les plus importantes, je n'aurais eu peut-être moi-même d'autre mérite que d'avoir su profiter d'une de ces idées heureuses qu'une inspiration fortuite peut offrir une fois à tous les hommes.

VUE DE DEDANS L'OBSERVATOIRE SUR L'INTÉRIEUR DU PÉNITENCIER

6

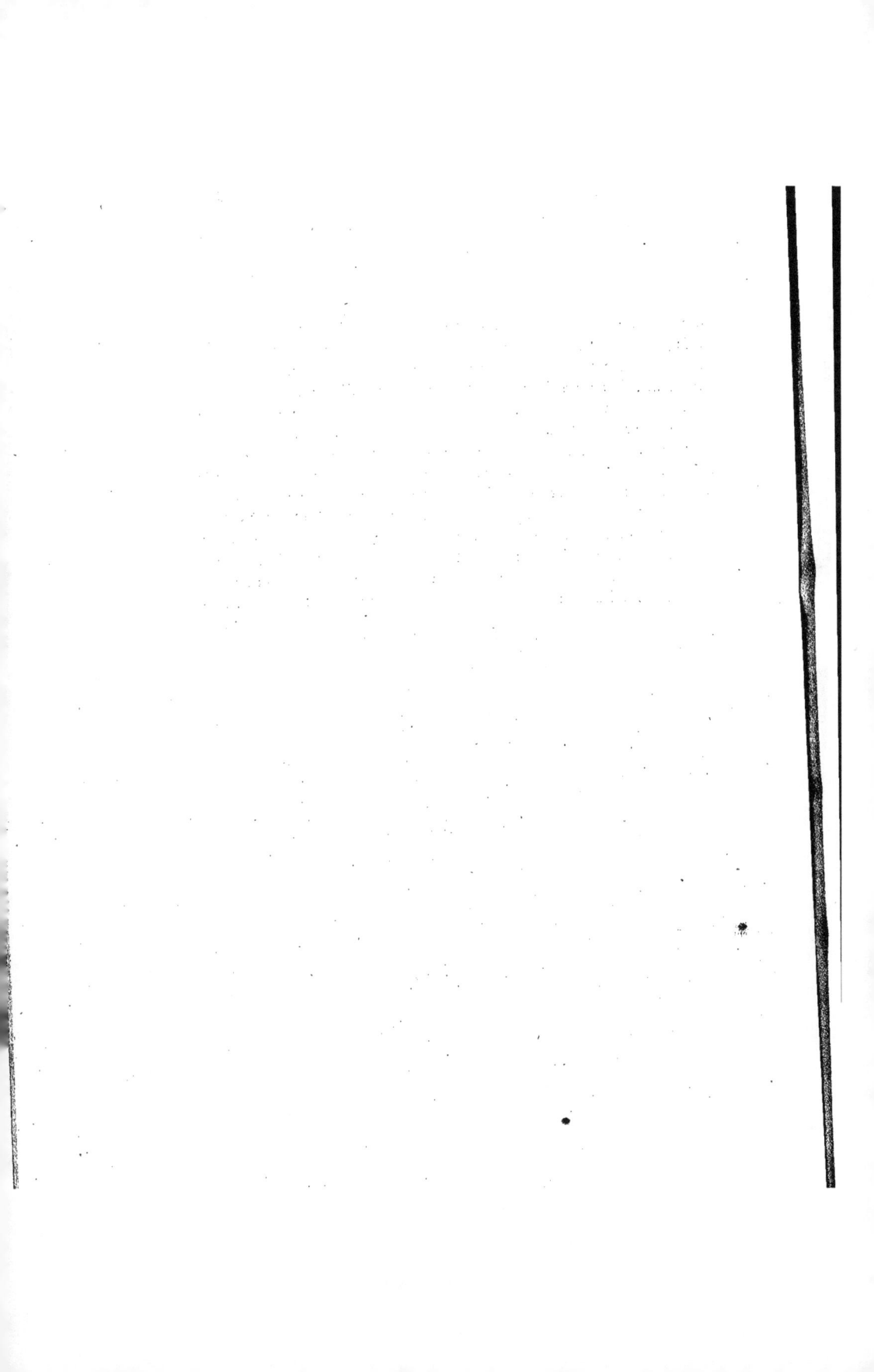

NOTES.

NOTES.

PAGE 7.—NOTE (1).

Si, en Amérique, on s'est moins préoccupé que nous ne devons le faire, des difficultés que présentaient **EXERCICE DU CULTE.** les célébrations du culte, c'est qu'il faut reconnaître que la religion protestante n'a pas, comme la religion catholique, besoin de l'appareil extérieur des cérémonies, et que les prédications de la première sont, jusqu'à un certain point, bien remplacées par les exhortations que le Chapelain peut donner à chaque prisonnier dans sa cellule.

Il convient cependant de remarquer, qu'en Angleterre, où le protestantisme domine, comme en Amérique, les esprits paraissent avoir été sérieusement partagés sur la question religieuse?—Nous lisons, en effet, dans l'ouvrage de M. Moreau Cristophe, sur les prisons de l'Angleterre, de la Hollande, de la Belgique et de la Suisse (page 75), à l'occasion de l'état de la réforme en Angleterre :

« Du reste, ce principe (celui de la séparation), bien qu'il mette tous ses propagateurs d'accord en théorie, » les divise presque tous, lorsqu'il s'agit de l'appliquer en fait.

» Les uns veulent son adoption immédiate dans le sens le plus absolu, et n'admettent pas le plus petit tem- » pérament, la plus légère exception, qui aurait pour objet de faciliter ou de permettre la moindre commu- » nication des détenus entre eux ; ceux-ci, surtout, rejettent des plans de construction l'érection de la cha- » pelle, pensant qu'il est impossible que les détenus y assistent sans se voir.

» Les autres veulent la séparation, mais ils la veulent avec la chapelle, pensant que le système serait vicié » dans son principe, si les détenus n'assistaient pas à l'office divin, et si le Chapelain ne pouvait leur prêcher » à tous les vérités de la religion. — Du reste, sentant bien que tout le fruit du système serait perdu, si les dé- » tenus se voyaient pendant la célébration de l'office, ils ont imaginé plusieurs sortes de constructions de » chapelles, dans le but de rendre toute communication impossible. La construction la plus curieuse est celle » que je joins à ce rapport sous le n° 17 des plans. »

Mais ce serait, à mon avis, tomber dans une grave erreur que de supposer que des chapelles dans lesquelles

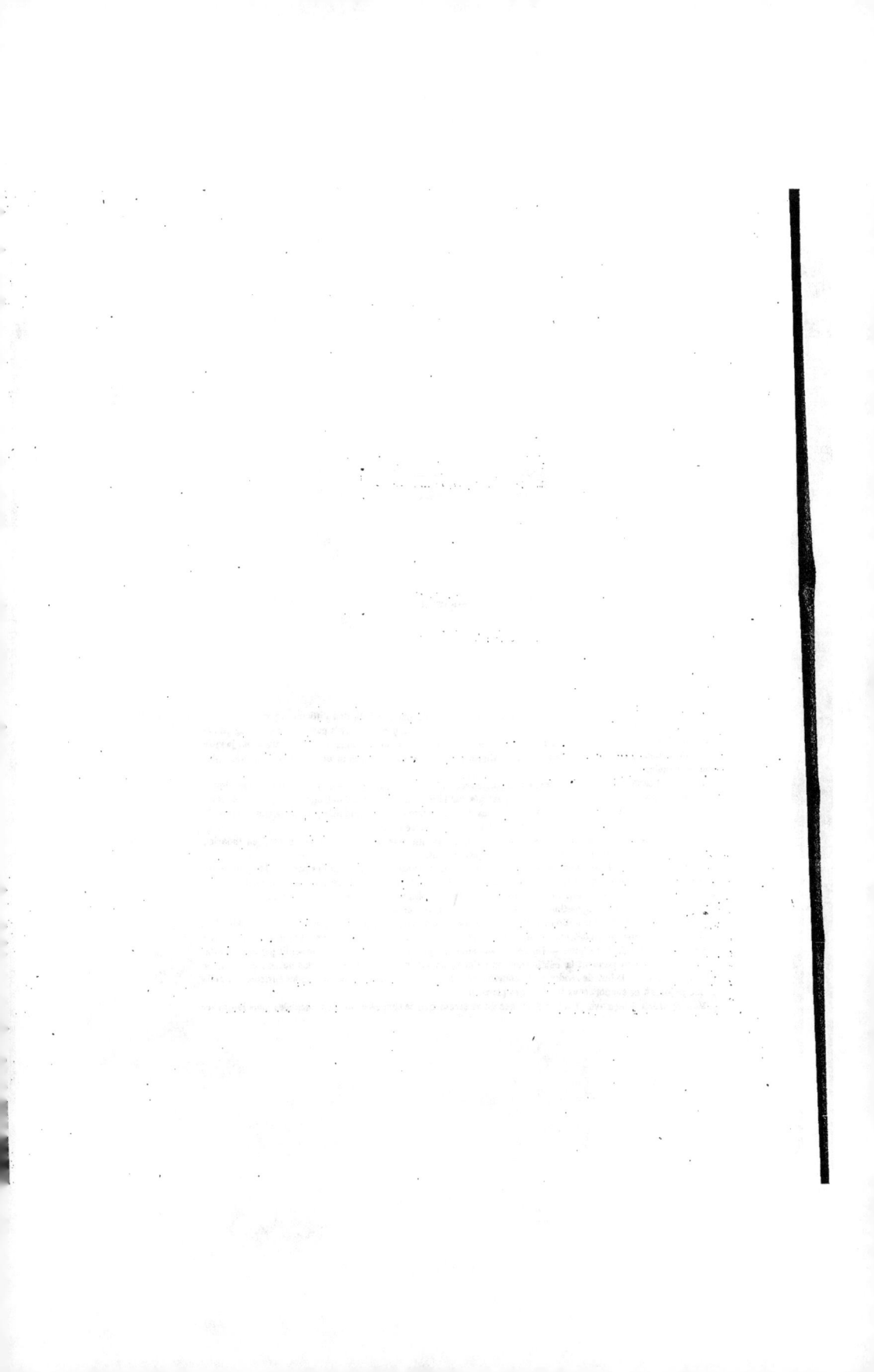

NOTES.

PAGE 7.—NOTE (1).

Si, en Amérique, on s'est moins préoccupé que nous ne devons le faire, des difficultés que présentaient les célébrations du culte, c'est qu'il faut reconnaître que la religion protestante n'a pas, comme la religion catholique, besoin de l'appareil extérieur des cérémonies, et que les prédications de la première sont, jusqu'à un certain point, bien remplacées par les exhortations que le Chapelain peut donner à chaque prisonnier dans sa cellule. EXERCICE DU CULTE.

Il convient cependant de remarquer, qu'en Angleterre, où le protestantisme domine, comme en Amérique, les esprits paraissent avoir été sérieusement partagés sur la question religieuse?—Nous lisons, en effet, dans l'ouvrage de M. Moreau Cristophe, sur les prisons de l'Angleterre, de la Hollande, de la Belgique et de la Suisse (page 75), à l'occasion de l'état de la réforme en Angleterre :

« Du reste, ce principe (celui de la séparation), bien qu'il mette tous ses propagateurs d'accord en théorie,
» les divise presque tous, lorsqu'il s'agit de l'appliquer en fait.

» Les uns veulent son adoption immédiate dans le sens le plus absolu, et n'admettent pas le plus petit tem-
» pérament, la plus légère exception, qui aurait pour objet de faciliter ou de permettre la moindre commu-
» nication des détenus entre eux ; ceux-ci, surtout, rejettent des plans de construction l'érection de la cha-
» pelle, pensant qu'il est impossible que les détenus y assistent sans se voir.

» Les autres veulent la séparation, mais ils la veulent avec la chapelle, pensant que le système serait vicié
» dans son principe, si les détenus n'assistaient pas à l'office divin, et si le Chapelain ne pouvait leur prêcher
» à tous les vérités de la religion. — Du reste, sentant bien que tout le fruit du système serait perdu, si les dé_
» tenus se voyaient pendant la célébration de l'office, ils ont imaginé plusieurs sortes de constructions de
» chapelles, dans le but de rendre toute communication impossible. La construction la plus curieuse est celle
» que je joins à ce rapport sous le n° 17 des plans. »

Mais ce serait, à mon avis, tomber dans une grave erreur que de supposer que des chapelles dans lesquelles il faudrait conduire les prisonniers, ne détruiraient pas (quelque précaution qu'on prît pour les empêcher de se communiquer), tout l'effet que l'on demande au système de la séparation continue.

Un an avant la publication de l'ouvrage que je viens de citer, j'avais, dans un rapport que M. le Ministre de l'Intérieur m'avait chargé de lui faire, sur les maisons de détention de Fontevrault, de Rennes, du Mont-St-Michel et de Beaulieu, et sur la possibilité d'introduire les régimes d'Auburn ou de Philadelphie, dans ces quatre prisons, exprimé cette opinion qu'avec celui d'Auburn, je ne pensais pas qu'on dût réunir les prisonniers pendant les offices, sans établir, dans les chapelles, des dispositions que j'indiquais, et qui étaient, de tout point, tellement semblables à celles du projet dont les plans sont donnés à la suite de l'ouvrage de M. Moreau Cristophe, que l'on pourrait croire que les unes ont été calquées sur les autres ; mais il y a, dans la pensée de leur application, cette immense différence qu'en Angleterre on les a proposées pour servir à l'établissement du système de Philadelphie, tandis que je ne les avais imaginées que pour l'hypothèse donnée de l'établissement du système d'Auburn.

« Je voudrais (disais-je dans le rapport dont je viens de parler), isoler chaque prisonnier dans sa place à la
» chapelle : car avec un régime de SILENCE, on devrait bien penser que dans nos maisons (moins religieuses
» que celles d'Amérique), les détenus profiteraient toujours du moment des offices pour échanger des paroles
» et même de longues conversations ; et si l'ordre des pénitenciers, selon le régime d'Auburn, doit exiger du
» convict, le silence et le recueillement dans tous les moments de sa vie de prison, ne regardera-t-on pas
» qu'une considération puissante de morale ou seulement de convenance doive faire vouloir que les offices
» ne soient pas considérés par lui comme des instants de distraction et de tenue moins sérieuse.

» L'établissement de l'autel à un niveau élevé et l'augmentation de place obtenue par la réduction de popu-
» lation des maisons actuelles rendraient possible d'arriver à isoler chaque condamné, au moyen d'une com-
» binaison excessivement simple qui se réduirait à donner aux dossiers des bancs 1 mèt. 50 de hauteur ; à cou-
» vrir ces bancs par un petit plancher oblique, remontant vers l'autel, et à les diviser, dans leur longueur,
» par cases au moyen de volets ouverts avant l'entrée du prisonnier et refermés par lui aussitôt, qu'il serait à
» sa place. —L'intérieur de ces cases serait peint en blanc teinté de vert, et des numéros serviraient à les dis-
» tinguer les unes des autres.

» Si je n'entre pas dans les détails des diverses précautions prévues pour empêcher les objections qui pour-
» raient être faites relativement à la difficulté de rendre le détenu également apercevable, quand il serait
» assis, debout ou à genoux, relativement même aux communications qu'on pourrait croire faciles à travers les
» volets de séparation, c'est que je craindrais de rendre ce rapport trop long..... »

Mais toutes ces dispositions que je croyais excellentes et même indispensables à prendre, dans le système de la vie commune avec *silence*, devraient échouer complètement dans celui de la séparation continue : — car de même que dans le premier de ces deux systèmes, les prisonniers profiteraient de leur réunion à la chapelle, pour échanger entr'eux de longues conversations, s'ils étaient, comme aujourd'hui pressés les uns contre les autres, et que, pour l'empêcher, il serait utile et SUFFISANT de les placer un à un dans des cases ou stalles fermées ; de même dans le second (celui de la séparation continue), les prisonniers profiteraient encore de leur réunion dans une chapelle à compartiments, pour arriver à se voir, ou bien à se parler ; parce qu'ils apprécieraient bien que les obstacles qui leur seraient opposés par ces compartiments, seraient moindres que ceux formés par les murailles de leurs cellules. Il faut ajouter qu'ils arriveraient d'autant plus facilement à les surmonter, que, dans le régime pensylvanien pur, l'action disciplinaire de la surveillance serait évidemment bien moins efficace pour les arrêter, qu'elle ne le serait dans celui d'Auburn.

Ainsi l'on devrait regarder que *les inconvénients d'une chapelle à compartiments, où il faudrait conduire les détenus*, seraient à un *pénitencier pensilvanien* exactement ce que *les inconvénients d'une chapelle où les prisonniers se toucheraient coude à coude*, seraient à un *pénitencier d'Auburn*.

Je devrois, en outre, dire peut-être ici quelques mots des difficultés et des conséquences fâcheuses qui résulteraient de la nécessité de faire sortir les prisonniers de leurs cellules ; mais j'aurai occasion d'en parler à la note suivante.

PAGE 9.—NOTE (2).

Dans la maison de Cherry-Hill, à Philadelphie, on a, pour donner aux prisonniers les moyens de prendre PROMÉNOIRS. de l'exercice, disposé des petites cours attenantes aux logements du rez-de-chaussée et des doubles cellules, annexées à ceux du premier étage.

Les petites cours du rez-de-chaussée ont, entre autres inconvénients, celui de n'être pas aérées, et de rendre les logements de cet étage, tristes et humides ; les doubles cellules du premier étage, *en diminuant de moitié le nombre des logements*, disséminent la surveillance sur un trop grand développement, et augmentent la dépense sans procurer aux détenus le bénéfice de l'air libre, puisqu'elles ne les placent encore que dans des appartements fermés.

Delà on a été conduit en construisant la prison de Trenton, à supprimer les préaux, ainsi que les doubles cellules, et l'on nous a rapporté que, lors du voyage de MM. DE METZ et Abel BLOUET, rien ne paraissait devoir faire regretter, de n'avoir ainsi donné qu'une chambre à chaque prisonnier ;—mais comment admettre cette conséquence, si à l'époque dont il s'agit, la maison de Trenton commençait à peine à recevoir des prisonniers? — et comment, sans l'appui d'une longue expérience pour nous rassurer, l'hygiène pourrait-elle approuver ces cellules uniques où, dans 4 mèt. sur 2 mèt ,(12 pieds sur 7,) le détenu couché pendant la nuit, vicie l'air et empreint de miasmes la literie de son lit qui devra rester près de lui pendant le jour ; où le même détenu travaille à un métier quelquefois encombrant, sue quand son travail a été actif, mange et satisfait à tous ses besoins, sans que la croisée qui l'éclaire paraisse devoir s'ouvrir pour renouveler *directement* l'air dans cet étroit appartement ?

Pour moi, je l'ai déjà dit ailleurs, je ne crois pas qu'il soit possible d'enfermer aujourd'hui des hommes dans une prison sans les y mettre à même de respirer plusieurs fois par jour, ne fût-ce que sur un balcon, le plein air du dehors.

Afin d'arriver à ce résultat, on a bien imaginé des promenoirs communs où l'on supposerait que les condamnés seraient conduits les uns après les autres : mais a-t-on bien apprécié les embarras et la confusion qui résulteraient dans une prison, de ce mouvement continuel de la population? A-t-on bien réfléchi à tout ce qu'il faudrait de temps et de soins pour faire arriver successivement aux promenoirs et sous la surveillance d'un gardien chacun, 500 prisonniers qu'il faudrait ramener de la même manière à tous les étages? A-t-on songé enfin qu'à moins de soumettre ces prisonniers au capuchon et à d'autres moyens de gêne pendant tous ces déplacements, et même pendant le temps de leur promenade, les précautions prises à leur entrée, pour les empêcher de connaître la disposition de la maison, se trouveraient inutiles ; que des billets écrits seraient laissés et trouvés dans ces préaux communs ; que de simples lignes tracées sur les murs deviendraient des moyens d'intelligence? . . . . et sans prétendre qu'il faille attacher plus d'importance que de raison à une communication fortuite, n'est-il pas certain qu'une disposition qui tiendrait continuellement en éveil ce désir de se communiquer si naturel à tous les hommes, devrait être tout à fait nuisible au système de la séparation continue ?

Aussi, j'ai cru que pour atteindre le but de ce système, il fallait que le condamné, une fois entré dans son logement, y trouvât tout ce qui lui serait nécessaire pendant sa détention, c'est-à-dire un endroit pour coucher, un autre pour travailler, et un troisième pour se promener ; qu'il y eût de l'eau à sa disposition, qu'il y reçût ses aliments, qu'il y trouvât son siége d'aisance, et que, sans le faire sortir de la cellule, on pût enfin le faire assister à tous les offices divins, à toutes les prières de chaque jour, à toutes les prédications religieuses, à toutes les instructions faites en commun.

PAGE 9.—NOTE (3).

EXPOSITION
SOLAIRE
DES
LOGEMENTS.

Pour démontrer qu'il n'y aurait pas un seul logement qui fût privé de soleil, il suffira de dire que les ouvertures destinées à l'éclairage de la cour couverte, ont été combinées de manière à laisser arriver les rayons solaires dans les cellules à travers cette même cour, de telle sorte que chaque logement jouirait toujours des deux expositions opposées.

D'un autre côté, la largeur des promenoirs étant plus grande que la hauteur des murs qui les partageraient, il n'y aurait que bien peu de jours dans l'année où le soleil n'arrivât dans ceux même de ces promenoirs qui seraient le plus vers le nord.

PAGE 13.—NOTE (4).

POPULATION.

Il paraît aujourd'hui bien démontré qu'un pénitencier cellulaire ne pourrait être dirigé avec succès qu'autant que sa population ne dépasserait pas le nombre de 4 à 500 prisonniers.

PAGE 10.—NOTE (5).

ATELIERS.

Avec la facilité qui existerait de repousser sur le promenoir la cloison vitrée qui fermerait l'atelier, si dans les plus grands logements on réduisait à n'avoir plus que 1 mèt. 50 de profondeur, ce promenoir (qui ne serait plus alors regardé que comme un balcon où le prisonnier prendrait l'air, et qui serait d'autant plus suffisant que le lieu de travail serait rendu beaucoup plus grand,) on arriverait à avoir des ateliers de 10 mèt. 55 de longueur.—La dimension des plus petits a été trouvée de 2 mèt. 26.

Ces deux limites sont tellement écartées l'une de l'autre que les industries qu'il serait permis d'introduire dans le Pénitencier, pourraient être, certes, beaucoup plus variées et plus utiles aux prisonniers que ne le sont celles qui peuvent être données dans les cellules restreintes et uniformes de la formule pensilvannienne.

Des personnes habiles attachant la plus grande importance à la question industrielle dans les prisons, ont accepté avec empressement l'extension que je parvenais à donner aux travaux des condamnés ; mais elles exprimaient encore le regret que lorsque les grands moyens mécaniques s'emparent de toutes les fabrications, les détenus ne fussent pas mis à même de suivre, dans les prisons, le mouvement imprimé à tous les ouvrages au-dehors.

Je ne répondrai pas que, d'abord, il y a encore beaucoup d'ouvrages qui devront se faire nécessairement sans le secours des grandes machines, mais je devrai dire que les meilleurs ouvriers à employer même aux fabrications mécaniques, seraient toujours ceux qui auraient su travailler de leurs mains, et sans l'aide des machines, de telle sorte qu'il n'y aurait jamais lieu de craindre que les individus auxquels on aurait appris un métier dans une prison cellulaire, fussent exposés à ne pas être occupés, pour défaut d'habileté, au jour de leur libération.

Peut-être même ne serait-il pas sans utilité de laisser de cette manière l'industrie libre, avoir l'avantage dans les moyens de production, afin d'arrêter les réclamations contre les travaux faits dans les prisons, travaux qui ont pu nuire quelquefois aux fabriques du dehors, mais auxquels l'intérêt de la société toute entière, exige qu'il ne soit pas apporté d'entraves?

PAGE 22.—NOTE (6).

PUNITIONS.

A tous les moyens de discipline qui pourraient être employés contre les détenus dans leurs cellules, il faut en ajouter un qui aurait pour but d'empêcher toute tentative de conversation à travers les murailles et de lasser bien vite celui qui voudrait troubler l'ordre par des cris et des vociférations. — Il consisterait à jeter dans l'appartement d'un prisonnier un bruit continu, qui, produit par de fortes crecelles placées dans une galerie souterraine, et constamment mises en mouvement au moyen de la machine à vapeur, serait apporté aux oreilles du prisonnier par des tubes sonores ménagés à cet effet et dont les soupapes, ou clefs, se trouveraient à la disposition des gardiens sur leurs galeries. — Ce bruit ne causerait qu'un bourdonnement sourd à l'extérieur de la cellule, car il faut bien comprendre que les volets de celles-ci seraient alors fermés; et s'il fallait faire durer le bruit pendant la nuit, on sait que le prisonnier n'en parviendrait pas moins à trouver promptement le sommeil nécessaire à son repos.

J'ai déja eu plusieurs fois occasion d'indiquer ce moyen que j'ai imaginé comme plus efficace que les obstacles résultant de la construction la mieux étudiée. — On sait en effet que bien des personnes regardent ces derniers comme pouvant toujours être surmontés par les condamnés : mais combattre le bruit par le bruit même, opposer à la voix et aux cris d'un homme, les sons bruyants d'un mécanisme qu'il sait bien qui ne se lassera pas, serait d'abord empêcher cet homme de rien entendre, et le décourager si vite de se faire entendre lui-même que j'étais déja convaincu du succès de cette disposition avant qu'une expérience faite à la maison de Beaulieu fût venue confirmer ma conviction.

L'application du réglement du 10 mai 1839, avait amené dans cette maison un mouvement d'insubordination, par suite duquel les cellules de punition se trouvèrent toutes remplies de prisonniers qui bientôt firent entendre leurs cris et leurs conversation dans le bâtiment qui les renfermait. — Monsieur Diéy crut devoir alors faire l'application du procédé dont je viens de faire la description; il fit placer dans un des six corridors de ces cellules, un moulinet emprunté dans une des fabriques de la ville de Caen; un détenu le mettait en mouvement, et ce moyen, malgré l'imperfection de l'instrument, a suffi pour réduire au silence les individus punis pendant le temps qui a été nécessaire pour plier toute la population à la nouvelle discipline.

PAGE 26.—NOTE (7).

On doit d'autant plus admettre que les prédications pourraient être multipliées que plusieurs personnes, PRÉDICATIONS

7

qui doivent faire autorité dans la science difficile des prisons, sont d'avis que l'aumônier ne devrait pas être le seul à adresser la parole aux condamnés, mais que parmi les administrateurs laïques il y en a qui devraient aussi leur faire des exhortations morales; qu'à l'un appartiendrait exclusivement l'enseignement des lois de la religion, aux autres celui des lois de la société et de la bonne conduite parmi les hommes.

Le chef d'une de nos maisons les plus importantes, use avec talent de ce moyen d'action sur l'esprit des prisonniers. — Les inspecteurs, les instituteurs, pourraient avoir une tâche semblable à remplir, et s'il en était ainsi la disposition des quatre chaires dans les différents quartiers du projet, devrait être considérée comme parfaitement convenable.

PAGE 27.—NOTE (8).

VENTILATION. Cette disposition est sans doute une innovation : elle a pu faire supposer quelle aurait pour résultat de soumettre les prisonniers à des courants d'air trop actifs, mais cette crainte ne doit être regardée que comme apparente, et dans un rapport à M. le ministre de l'intérieur, dont j'ai déjà parlé, je crois avoir démontré que lors même que les logements seraient dépourvus de toute espèce de moyens de fermeture, et abandonnés ainsi sans nul discernement à toutes les intempéries, la ventilation n'y serait jamais plus violente qu'à l'extérieur ; mais loin de là ces mêmes logements seraient garnis d'un grand nombre de fermetures, qui permettraient de les clore autant qu'il serait utile, et de mettre ainsi les prisonniers qui les occuperaient, plus à l'abri du froid, de la chaleur et du vent, que nous n'y sommes nous-mêmes, avec les croisées et volets de nos maisons d'habitation.

Cependant, si par impossible, des doutes pouvaient encore subsister, et si, au lieu de regarder comme favorable une disposition qui donnerait tant de ressources pour renouveler l'air dans le Pénitencier, on appréhendait quelle ne devint nuisible, il importe beaucoup de dire que le projet offre cette particularité que rien ne serait plus facile que de rentrer, sans fausses dépenses (même après la construction terminée), dans les conditions de ventilation des prisons connues.

Il suffirait, en effet, pour cela, de fermer l'extérieur de chaque promenoir par un petit mur, qui ne changerait rien aux autres dispositions de ce projet, et par conséquent aux avantages qu'elles ont été jugées devoir présenter.

PAGE 30.—NOTE (9).

CHAUFFAGE. Pour faire ces calculs, j'ai senti le besoin de déterminer la moyenne des températures de chaque année. — J'ai, en conséquence, consulté les Annales de Physique, publiées par MM. Gay-Lussac et Arago ; et le dépouillement, jour par jour, des mois de janvier, février, mars, avril, ... octobre, novembre et décembre, pendant les dix années de 1828 à 1838 a donné les résultats du tableau ci-contre.

J'ai ensuite déterminé la dépense à faire, par chaque heure, pour arriver à chauffer les prisonniers dans leurs cellules, et les gardiens sur leurs galeries (en tenant compte de la situation de ces galeries dans le vide de la cour couverte, et de la difficulté apparente d'y procurer aux gardiens une chaleur suffisante), et puis, prenant pour base les résultats, depuis plus de quinze ans, de chauffages établis sur une grande échelle, et dans des conditions plus défavorables, je suis arrivé à trouver que, dans toute une année, la dépense serait, pour ce pénitencier, de . . . . **5,212 fr. 65 cent.**, ce qui ne donnerait que 11 fr. 58 cent. par prisonnier, au lieu de 15 fr. que j'ai annoncés.

Mais, après l'indication sommaire de tous ces calculs, je m'arrêterai un moment sur la question de savoir, si l'intérieur d'une prison a besoin d'être chauffé autant qu'on le croit généralement, et je reproduirai ici des réflexions que j'ai déjà exposées ailleurs :

« Personne, sans doute, ne prétendra que la chaleur apportée dans le logement du condamné doive » lui faire éprouver une sensation de bien-être dans laquelle il se complairait en quelque sorte à ne rien » faire. — On veut seulement qu'il ne souffre pas, c'est le premier point ; mais le second est de vouloir » qu'ayant plutôt un peu trop froid que trop chaud, ce condamné trouve facilement moyen de se défendre » de cette légère sensation de froid, par l'action qu'il apportera à son travail, quelque soit ce travail.

» Ceci posé, nous devons examiner si les prisonniers habitant le premier rang de cellules (où se trou- » vent tous les métiers exigeant l'emploi d'une plus grande force musculaire), doivent y recevoir une » température élevée. Elle ne me paraît pas leur être nécessaire, et loin de là, je crois qu'elle leur serait » nuisible ; car il arriverait alors que le travail les ferait bientôt transpirer, et qu'ils pourraient avoir à » souffrir d'être instantanément soumis à l'action de l'air extérieur, dans leurs préaux. D'ailleurs, les ouvriers » libres, les menuisiers, par exemple, sont souvent exposés à travailler, sans feu, dans un bâtiment en » construction, et en chauffant trop bien les prisonniers, on arriverait à cette conséquence bizarre de les » rendre (comparativement aux ouvriers libres) plus frileux, plus douillets, plus impropres enfin, après » leur libération, à se livrer durant l'hiver aux métiers qui leur auraient été enseignés.

» Les laisser dans une condition plus rapprochée (bien que meilleure encore) de celles qu'ils devront » avoir à leur rentrée dans la société, me semblerait donc plus rationnel.

» On doit sans doute regarder comme superflu, de suivre une à une les situations différentes qui me pa- » raîtraient devoir être faites aux prisonniers, dans les étages supérieurs, où la température serait rendue » plus chaude, à mesure qu'ils s'élèveraient, et que les ateliers, en diminuant de grandeur, ne serviraient » qu'à des industries qui échauffent moins l'ouvrier. — Il me suffira de dire que, même dans le dernier rang, » où les ouvrages seraient plus minutieux, où le condamné aurait cependant de 10 à 12 degrés de chaleur, » il devrait encore demander à son travail, à l'activité qu'il y apporterait, un certain accroissement de » calorique, pour compléter cet état de bien-être que l'homme recherche toujours ; et il sera certain de » l'obtenir, s'il le veut, même en ne s'occupant que sur les genoux, soit comme cordonnier ou comme » tresseur de paille : car nous avons tous éprouvé, qu'avec une forte volonté et un ouvrage suivi, nous » sommes parvenus à écrire, ou à dessiner, sans souffrir du froid le plus rigoureux, quoique nous fussions » placés dans des appartements sans feu, et quelquefois même en plein air.

» Si nous fixions nos regards sur la situation en général de l'homme qui vit librement dans la société, je ne » sais si nous resterions convaincus de l'utilité de donner aux prisonniers une température douce, mais » factice et par cela seul moins saine (les temps de brouillards et de grande humidité exceptés) que le » grand air dont le pénitencier serait environné.

» Pour moi, je l'avouerai, j'aurais bien de la peine à croire qu'il dût y avoir avantage pour leur santé, » à les enfermer dans des cellules, afin de les y échauffer, plutôt que de laisser tous les logements (presque sans » exception) ouverts sur la cour intérieure, tant que la gelée ne s'y ferait pas sentir ; et peut-être, si l'on » prenait ce dernier parti, y aurait-il bien peu d'années qui ne se passassent *tout entières*, sans qu'on » fût obligé d'avoir recours aux fermetures pendant le jour, sans qu'on fût, par conséquent, obligé de faire » *aucune dépense spéciale* pour le chauffage.

» De cette manière, ce service, loin de coûter des sommes énormes (et je crois avoir démontré que dans

» aucun cas on n'aurait à le craindre), devrait présenter une économie importante , sur laquelle j'aimerais
» mieux voir prendre l'argent nécessaire pour vêtir les hommes plus chaudement.

» Comparons un instant la situation atmosphérique qui serait faite à l'intérieur du pénitencier , et celle à
» laquelle seraient exposés les militaires placés en faction sur les murs d'enceinte , les soldats faisant cam-
» pagne, qui, plus à plaindre encore que ces factionnaires, au lieu de trouver un corps-de-garde pour se ré-
» chauffer après le froid et la pluie, passent les nuits au bivouac ; les marins, les postillons , tous les ouvriers
» de bâtiment occupés aux gros ouvrages , et ceux employés dans les champs aux cultures les plus pénibles.
» Mais, tous ces hommes, qui font partie de la société, qui mériteraient plus d'attention et plus d'égard que le
» condamné, ne pourraient pas être affranchis de leur vie laborieuse : il faut qu'ils en subissent toutes les
» fatigues et la dureté ; heureux encore s'ils n'avaient qu'à se défendre du froid et si , sans avoir perdu la
» liberté , ils étaient du moins abrités comme l'est forcément celui qu'on retient dans une prison !

» Avant 91, c'était à d'autres souffrances que le prisonnier était en proie, dans ces cachots ou basses fosses
» où tous les individus enfermés , pour quelque cause que ce fût , confondus pêle mêle , privés d'air, de
» coucher, étaient exposés à l'humidité, à la vermine, à tous les fléaux qui ont disparu de nos jours.—Alors on a
» senti le besoin d'une réforme ; et , comme l'humanité était outragée, on est tombé , en faisant cette ré-
» forme, dans un excès contraire, en traitant trop bien l'homme que la société est forcée de punir; et c'est
» parce qu'on a fait cette faute, que l'on veut aujourd'hui faire la prison moins douce au prison nier :—c'est donc
» une réaction , et dès-lors il faut sans doute se méfier d'en suivre aveuglément le mouvement ; mais au nombre
» des mesures à adopter, je ne craindrais pas de placer celle qui ne procurerait pas au prisonnier le bien-être
» d'un chauffage inutile à sa santé ; bien-être qui n'est pas donné à une foule innombrable d'hommes libres, dans
» la société; bien-être qu'il n'avait pas avant son emprisonnement, qu'il ne retrouvera pas à sa sortie ; bien-
» être enfin que n'ont pas les fidèles dans nos églises où ils vont prier, où les plus religieux restent isolés
» pendant de longues heures, exposés au froid le plus intense , la tête nue sous des voûtes élevées , où ils
» restent ainsi malgré l'âge qui glace leur corps, sans qu'aucun travail, aucun mouvement puisse les réchauf-
» fer ; c'est-à-dire (et je crois qu'il faudrait le reconnaître) que là , dans ces temples (qui sont cependant éri-
» gés par les soins de l'État) il y a danger réel pour la santé de l'homme ; tandis qu'il n'y aurait aucun in-
» convénient , je le crois du moins , à laisser des prisonniers travailler activement dans des logements ou-
» verts à différents étages, autour d'une cour couverte, moins haute que les des églises , et dont l'air , dans
» les jours de froid, serait, sinon échauffé , du moins dégourdi par le calorique dégagé de la machine à
» vapeur ; — et s'il y avait quelques précautions à prendre, elles se réduiraient plutôt, je l'ai déja dit , à
» donner de bons vêtements aux condamnés, et à fermer et chauffer , par exception , les cellules occupées,
» par des valétudinaires. »

PLANS DU PROJET.

NOMBRE DE JOURS OU, PENDANT LES DIX ANNÉES DE 1828 A 1838, LA TEMPÉRATURE A ÉTÉ DE

Dans les mois de	—15°	—14°	—13°	—12°	—11°	—10°	—9°	—8°	—7°	—6°	—5°	—4°	—3°	—2°	—1°	—0°	+0°	+1°	+2°	+3°	+4°	+5°	+6°	+7°	+8°	+9°	+10°	+11°	+12°	+13°	+14°	+15°	+16°	+17°	+18°	+19°	+20°	Température moyenne de chaque mois pendant les 10 années
Janvier,	2			1	2	6	3	2	4	10	14	15	22	24	11	21	40	2	21	24	12	11	14	17	15	2	3											+1° 2290
Février,		4		1			2			1	1	4	8	10	17	15	23	50	50	17	20	29	27	19	10	10	1	2										+3° 3592
Mars,											2	1	5	2	12	12	22	22	24	52	27	35	51	52	25	13	11	4		1								+6° 0774
Avril,												1		5	3	12	11	20	19	27	30	31	26	26	29	25	10	9	5	5		2						+9° 9653
...																																						
Octobre,												1		5		3	4	6	13	13	18	24	26	50	32	23	22	7	9	5	4							+10° 5968
Novembre,											1	5	7	8	16	5	19	38	55	29	27	24	22	19	15	17	9	5	4	1								+6° 4906
Décembre,			5		2	2	4	5	2	6	4	15	9	20	16	24	54	15	22	29	25	16	21	10	12	11	2		1									+2° 9709
Totaux	2	4	5	2	2	8	7	6	9	16	24	51	55	59	84	107	155	151	149	146	150	151	164	145	125	99	86	68	53	34	13	14	9	4	2		

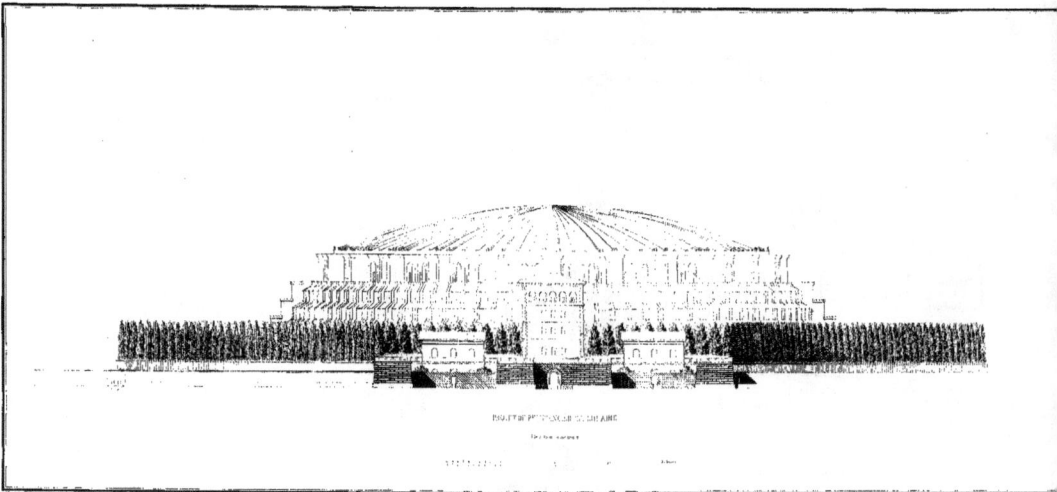

PROJET DE RECONSTRUCTION DU THÉATRE

Élévation principale

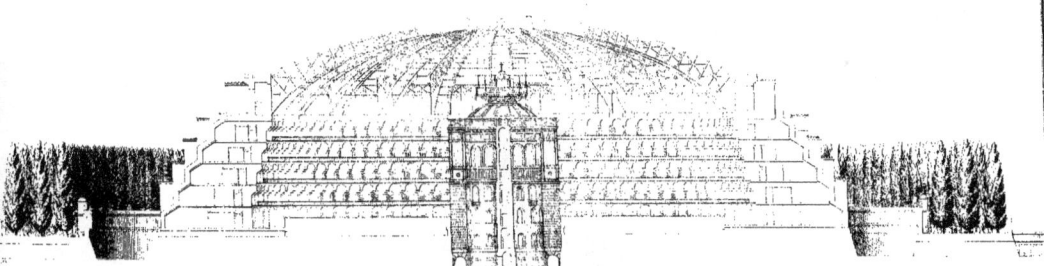

PROJET DE PLANETARIUM FUNERAIRE

Coupe Transversale

Les colonnes marquées d'un point noir sont extérieures à cette coupe
et indiquées vers la développpée au plan n° 14

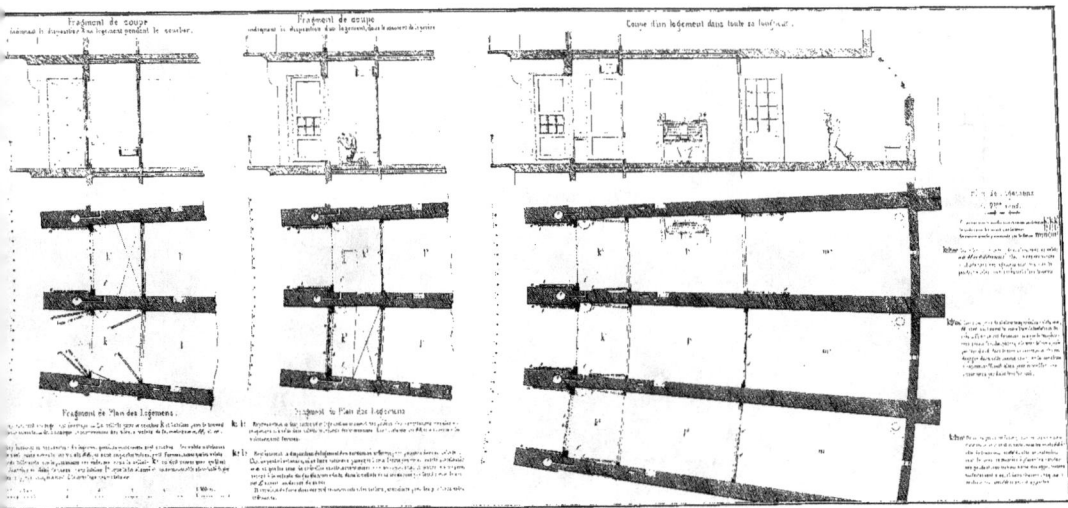

Fragment de coupe

Fragment de coupe

Coupe d'un logement dans toute sa longueur

Fragment de Plan des Logemens

Fragment de Plan des Logemens

Prisonnier se levant le visage après son lever, dans la cellule de coucher.

Prisonnier travaillant dans son atelier, au delà de la cellule de coucher.

Prisonnier se promenant dans son préau, au delà de l'atelier.

Prisonniers couchés.

www.ingramcontent.com/pod-product-compliance
Lightning Source LLC
Chambersburg PA
CBHW070833210326
41520CB00011B/2235